LIGAMUNDO
CIÊNCIAS

CÉSAR DA SILVA JÚNIOR
Licenciado em História Natural pela Faculdade de Filosofia, Ciências e Letras da Universidade de São Paulo (USP)
Professor de Biologia da rede particular de ensino de São Paulo

SEZAR SASSON
Licenciado em Ciências Biológicas pelo Instituto de Biociências da USP
Professor e autor de Biologia

PAULO SÉRGIO BEDAQUE SANCHES
Bacharel em Física pelo Instituto de Física da USP
Licenciado em Física pela Faculdade de Educação da USP (habilitação em Física, Química e Matemática)
Mestre em Educação a Distância pela Universidad Nacional de Educación a Distancia (Uned) – Cátedra Unesco, Madri, Espanha

SONELISE AUXILIADORA CIZOTO
Bacharel em Pedagogia pelo Centro Universitário Salesiano de São Paulo
Pós-graduada em Educação pela Faculdade Integrada Metropolitana de Campinas (Metrocamp), São Paulo
Professora de graduação e pós-graduação nas áreas de Psicologia e Educação

DÉBORA CRISTINA DE ASSIS GODOY
Bacharel em Pedagogia e especialista em Alfabetização pela Universidade Estadual de Campinas (Unicamp)
Professora e coordenadora de Ensino Fundamental da rede particular de ensino em Campinas, São Paulo

2º

Editora Saraiva
São Paulo – 1ª edição – 2018

Editora Saraiva

Direção geral: Guilherme Luz
Direção editorial: Luiz Tonolli e Renata Mascarenhas
Gestão de projeto editorial: Tatiany Renó
Gestão e coordenação de área: Isabel Rebelo Roque
Edição: Daniela Teves Nardi, Daniella Drusian Gomes, Carlos Eduardo de Oliveira, Giovana Pasqualini da Silva e Luciana Nicoleti
Gerência de produção editorial: Ricardo de Gan Braga
Planejamento e controle de produção: Paula Godo, Roseli Said e Marcos Toledo
Colaboração para desenvolvimento da seção *Conectando saberes:* Mauro César Brosso e Suzana Obara
Revisão: Hélia de Jesus Gonsaga (ger.), Kátia Scaff Marques (coord.), Rosângela Muricy (coord.), Ana Curci, Ana Paula C. Malfa, Arali Gomes, Brenda T. M. Morais, Cesar G. Sacramento, Claudia Virgilio, Diego Carbone, Gabriela M. Andrade, Hires Heglan, Larissa Vazquez, Luciana B. Azevedo, Patricia Cordeiro, Paula T. de Jesus, Vanessa P. Santos; Amanda Teixeira Silva e Bárbara de M. Genereze (estagiárias)
Arte: Daniela Amaral (ger.), André Gomes Vitale (coord.) e Renato Akira dos Santos (edit. arte)
Diagramação: Renato Akira dos Santos
Iconografia: Sílvio Kligin (ger.), Roberto Silva (coord.), Douglas Cometti e Claudia Balista (pesquisa iconográfica)
Licenciamento de conteúdos de terceiros: Thiago Fontana (coord.), Angra Marques e Flavia Zambon (licenciamento de textos), Erika Ramires, Luciana Pedrosa Bierbauer e Claudia Rodrigues (analistas adm.)
Tratamento de imagem: Cesar Wolf e Fernanda Crevin
Ilustrações: Jótah, PriWi e Waldomiro Neto
Design: Gláucia Correa Koller (ger.), Erika Tiemi Yamauchi Asato (projeto gráfico e capa) e Talita Guedes da Silva (capa)
Ilustração de capa: Rodrigo ICO
Foto de capa: ABSODELS RF/Getty Images
Ilustração de capa: Ideário Lab

Todos os direitos reservados por Saraiva Educação S.A.
Avenida das Nações Unidas, 7221, 1º andar, Setor A –
Espaço 2 – Pinheiros – SP – CEP 05425-902
SAC 0800 011 7875
www.editorasaraiva.com.br

Dados Internacionais de Catalogação na Publicação (CIP)
(Câmara Brasileira do Livro, SP, Brasil)

```
Ligamundo : ciências 2º ano / César da Silva
   Júnior....[et al.]. -- 1. ed. -- São Paulo :
   Saraiva, 2018.

   Outros autores: Sezar Sasson, Paulo Sérgio
Bedaque Sanches, Sonelise Auxiliadora Cizoto, Débora
Cristina de Assis Godoy.
   Suplementado pelo manual do professor.
   Bibliografia.
   ISBN 978-85-472-3423-2 (aluno)
   ISBN 978-85-472-3424-9 (professor)

   1. Ciências (Ensino fundamental) I. Silva Júnior,
César da. II. Sasson, Sezar. III. Sanches, Paulo
Sérgio Bedaque. IV. Cizoto, Sonelise Auxiliadora
V. Godoy, Débora Cristina de Assis.

18-16308                          CDD-372.35
```

Índices para catálogo sistemático:
1. Ciências : Ensino fundamental 372.35

Maria Alice Ferreira – Bibliotecária – CRB-8/7964

2021
Código da obra CL 800586
CAE 628041 (AL) / 628042 (PR)
1ª edição
6ª impressão

Impressão e acabamento: Bercrom Gráfica e Editora

Uma publicação **SOMOS** EDUCAÇÃO

APRESENTAÇÃO

O MUNDO EM QUE VIVEMOS É MARAVILHOSO! NELE, ACONTECEM MUITAS COISAS QUE NOS DEIXAM CURIOSOS.

QUANDO VOCÊ OBSERVA O MUNDO E PENSA SOBRE ELE, COMEÇA A FAZER PERGUNTAS. ESSE É O MOMENTO PARA INVESTIGAR, EXPERIMENTAR, TESTAR E FAZER NOVAS PERGUNTAS…

FAZER ISSO É FAZER CIÊNCIA!

QUANDO VOCÊ COMPREENDE MELHOR O MUNDO, PODE AGIR NELE COM MAIS CONSCIÊNCIA. ASSIM, VAI RESPEITAR MAIS A VOCÊ MESMO, AOS OUTROS E À NATUREZA.

SUAS DECISÕES SERÃO MAIS ACERTADAS, E VOCÊ PODERÁ VIVER MELHOR NESTE MUNDO TÃO INCRÍVEL!

OS AUTORES

CONHEÇA SEU LIVRO

ABERTURA DA UNIDADE

NA ABERTURA DE CADA UNIDADE VOCÊ VAI OBSERVAR IMAGENS E REFLETIR SOBRE ELAS. ESSE É O MOMENTO PARA VER O QUE VOCÊ JÁ SABE E DESPERTAR SEU INTERESSE PELO TEMA QUE SERÁ ESTUDADO.

CONECTANDO SABERES

A PARTIR DE TEMAS INTERESSANTES, DESCUBRA COMO A CIÊNCIA SE RELACIONA COM OUTRAS ÁREAS DO CONHECIMENTO E REFLITA SOBRE CIDADANIA.

SUGESTÕES

NESTA SEÇÃO, VOCÊ ENCONTRARÁ RECOMENDAÇÕES DE LIVROS, VÍDEOS, FILMES, MÚSICAS E ENDEREÇOS NA INTERNET.

VAMOS FALAR SOBRE...

ENTENDA COMO OS SEUS CONHECIMENTOS DE CIÊNCIAS PODEM AJUDAR A COMPREENDER TEMAS RELACIONADOS À CIDADANIA, À CULTURA, ENTRE OUTROS.

GLOSSÁRIO

AQUI VOCÊ VAI ENCONTRAR O SIGNIFICADO DAS PALAVRAS DESTACADAS NO TEXTO.

VAMOS INVESTIGAR

NESTA SEÇÃO, VOCÊ VAI REALIZAR EXPERIMENTOS COM ATIVIDADES DE OBSERVAÇÃO E PRÁTICA PARA ENRIQUECER E AMPLIAR O ESTUDO DO TEMA.

AGORA É COM VOCÊ

NESTA SEÇÃO, VOCÊ VAI UTILIZAR O QUE APRENDEU PARA FAZER NOVAS DESCOBERTAS.

ÍCONES QUE INDICAM COMO REALIZAR AS ATIVIDADES:

ORAL

EM DUPLA

EM GRUPO

SUMÁRIO

UNIDADE 1

SERES VIVOS: ANIMAIS E PLANTAS 8

- SERES VIVOS: DIFERENÇAS E SEMELHANÇAS 10
  - AS PLANTAS 11
  - OS ANIMAIS 12
- AGORA É COM VOCÊ 13
- VAMOS INVESTIGAR
  - PLANTAS E ANIMAIS DA ESCOLA 15
- VAMOS FALAR SOBRE...
  - BICHO-DA-SEDA 16
- AUTOAVALIAÇÃO 17
- SUGESTÕES 17

UNIDADE 2

COMO SÃO AS PLANTAS? 18

- A DIVERSIDADE DAS PLANTAS 20
- AGORA É COM VOCÊ 21
- AS CARACTERÍSTICAS DAS PLANTAS 22
- VAMOS FALAR SOBRE...
  - ÁRVORES 24
- VAMOS INVESTIGAR
  - A GERMINAÇÃO DA SEMENTE DO FEIJÃO ... 25
- AGORA É COM VOCÊ 27
- AS PLANTAS E OS ANIMAIS NO AMBIENTE 29
- AGORA É COM VOCÊ 30
- AUTOAVALIAÇÃO 31
- SUGESTÕES 31

UNIDADE 3

ONDE HABITAM OS SERES VIVOS? 32

- COMO É MINHA MORADIA 34
- VAMOS INVESTIGAR
  - TODAS AS MORADIAS SÃO IGUAIS? 35
- COMO É MINHA ESCOLA 37
- OS AMBIENTES DA TERRA 38
- VAMOS INVESTIGAR
  - TERRÁRIO 39
- AGORA É COM VOCÊ 41
- SER VIVO E ELEMENTO NÃO VIVO 42
- VAMOS FALAR SOBRE...
  - O LIXO NO AMBIENTE 43
- AGORA É COM VOCÊ 44
- AUTOAVALIAÇÃO 45
- SUGESTÕES 45

CONECTANDO SABERES

MAIS ÁRVORES, POR FAVOR! 46

UNIDADE 4

Os ambientes podem ser modificados? 48

- Os ambientes naturais e os ambientes modificados 50
- Agora é com você 51
- Alguns ambientes modificados 52
  - Os campos de cultivo 54
- Agora é com você 55
- Os seres vivos e os ambientes modificados 56
- Vamos falar sobre...
  - Os bichos da cidade 57
- Agora é com você 58
- Autoavaliação 59
- Sugestões 59

UNIDADE 5

• **Cuidando dos ambientes**......... **60**
    Cuidando do que é de todos.......... 62
        Cuidando dos ambientes naturais....... 63
• Vamos falar sobre...
        Efeito dominó...................... 63
• Agora é com você................... 64
    A água nos ambientes................ 66
• Agora é com você................... 68
    O lixo nos ambientes................ 69
        O lixo no seu devido lugar........... 71
• Vamos investigar
        Dá para reciclar todo o lixo?........ 73
• Autoavaliação....................... 75
• Sugestões........................... 75

UNIDADE 6

• **Do que os objetos são feitos?**..... **76**
    Como são os objetos?................ 78
• Agora é com você................... 79
    Porque os objetos são úteis?........ 81
• Agora é com você................... 82
    Transformações dos materiais........ 83
• Vamos falar sobre...
        Instrumentos musicais indígenas..... 84
• Agora é com você................... 86
• Vamos investigar
        Materiais de ontem e de hoje....... 87
• Autoavaliação....................... 89
• Sugestões........................... 89

UNIDADE 7

• **Como usamos os objetos**......... **90**
    Os materiais e suas características... 92
• Vamos investigar
        Características dos materiais....... 93
    Os objetos e seus materiais......... 94
• Agora é com você................... 95
    Utilizamos os objetos, e depois?.... 98
• Vamos falar sobre...
        Um plástico feito de mandioca...... 100
    Proteja-se: você pode prevenir
    acidentes!.......................... 101
• Agora é com você................... 102
• Autoavaliação....................... 103
• Sugestões........................... 103

Conectando saberes
• Podemos diminuir o lixo no ambiente?.... 104

UNIDADE 8

• **De onde vem a sombra?**......... **106**
    Luz e sombra....................... 108
• Agora é com você................... 110
• Vamos investigar
        Teatro de sombras.................. 111
• Vamos falar sobre...
        Silhuetas de animais................ 113
    Tamanho da sombra................. 114
• Vamos investigar
        Qual é o comprimento da sombra?... 115
• Agora é com você................... 118
• Autoavaliação....................... 119
• Sugestões........................... 119

UNIDADE 9

• **O Sol que nos aquece**........... **120**
    A temperatura ao longo do dia...... 122
• Agora é com você................... 125
    Todos os materiais se aquecem
    da mesma maneira?.................. 126
• Vamos investigar
        O aquecimento dos materiais....... 127
• Agora é com você................... 129
    Aquecimento e reflexão solar....... 131
        O que reflete a luz do Sol?........ 131
• Agora é com você................... 132
• Autoavaliação....................... 133
• Sugestões........................... 133

Conectando saberes
• Poluição luminosa................... 134

BIBLIOGRAFIA........................ 136

UNIDADE

1
SERES VIVOS: ANIMAIS E PLANTAS

NESTA UNIDADE VOCÊ VAI:

- RECONHECER AS DIFERENÇAS E AS SEMELHANÇAS ENTRE OS SERES VIVOS.
- RECONHECER ALGUMAS CARACTERÍSTICAS DE PLANTAS E DE ANIMAIS.

💬 OBSERVE A IMAGEM E CONVERSE COM SEUS COLEGAS:

1. QUAIS SERES VIVOS VOCÊ CONSEGUE OBSERVAR NA IMAGEM? ELES SÃO DIFERENTES ENTRE SI?

2. O QUE A CRIANÇA ESTÁ FAZENDO?

3. POR QUE VOCÊ ACHA QUE ELA ESTÁ FAZENDO ISSO?

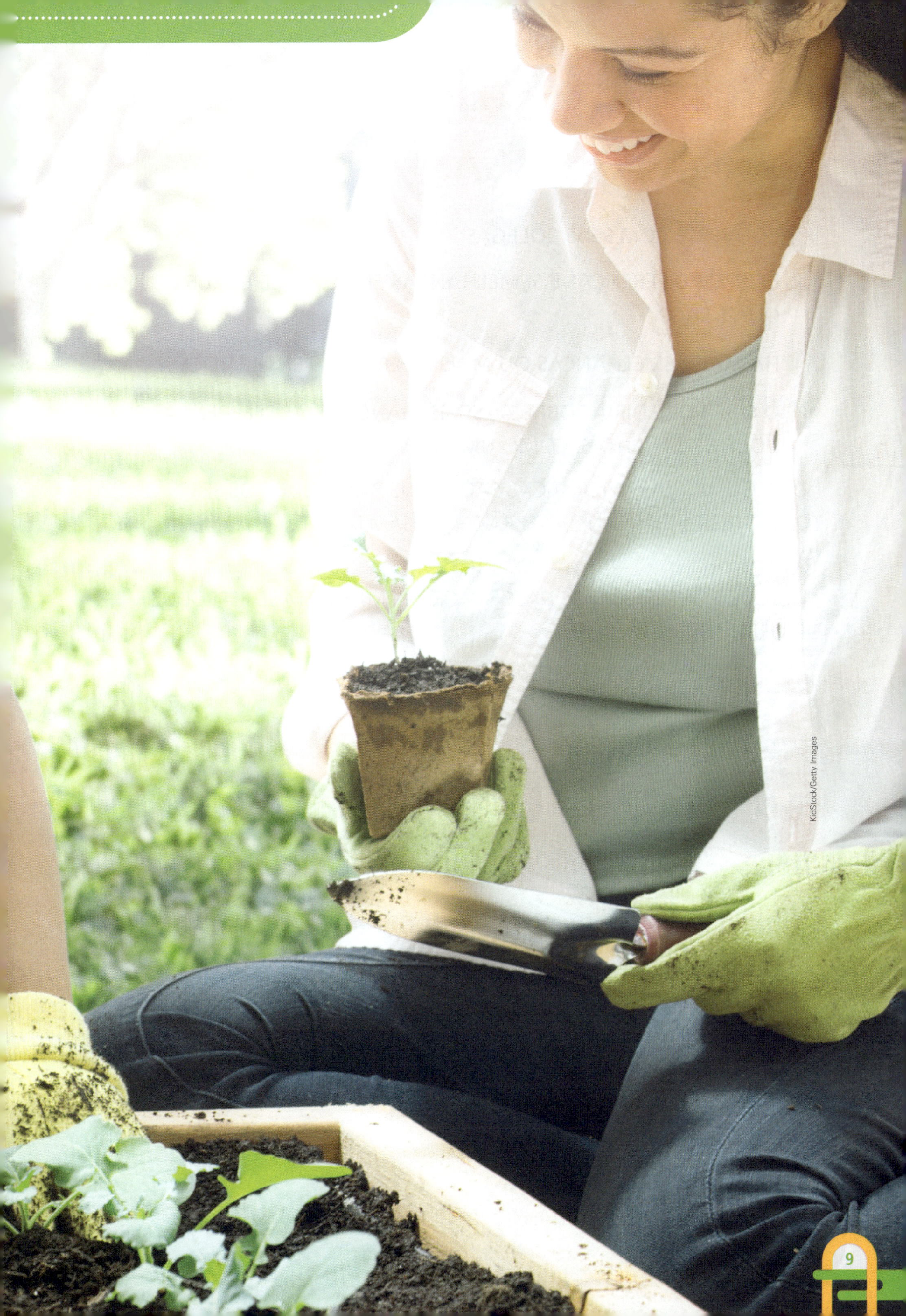
KidStock/Getty Images

SERES VIVOS: DIFERENÇAS E SEMELHANÇAS

CONVERSE COM SEUS COLEGAS:

1. EXISTEM DIFERENÇAS E SEMELHANÇAS ENTRE VOCÊ E SEUS COLEGAS? QUAIS SÃO?

2. HÁ MAIS SEMELHANÇAS OU MAIS DIFERENÇAS ENTRE VOCÊS?

3. O QUE VOCÊ DIRIA SOBRE AS SEMELHANÇAS E AS DIFERENÇAS ENTRE VOCÊ E AS PLANTAS, COMO UMA ÁRVORE, POR EXEMPLO?

ALGUMAS CARACTERÍSTICAS SÃO IGUAIS PARA TODOS OS SERES VIVOS: TODOS HABITAM O PLANETA TERRA E PRECISAM DE ÁGUA E ALIMENTO PARA VIVER.

TODOS OS SERES VIVOS NASCEM, CRESCEM, PODEM SE REPRODUZIR E MORREM.

- CONTORNE OS SERES VIVOS NA ILUSTRAÇÃO ABAIXO.

AS PLANTAS

AS PLANTAS SÃO SERES VIVOS, ASSIM COMO OS ANIMAIS. ELAS SÃO ENCONTRADAS EM TODAS AS REGIÕES DO PLANETA.

OS MUSGOS SÃO PLANTAS MUITO PEQUENAS. MEDEM CERCA DE 1 CENTÍMETRO. PODEM SER ENCONTRADAS EM TODAS AS REGIÕES, DESDE AS MAIS FRIAS, COMO A ANTÁRTIDA, ATÉ AS MAIS QUENTES, COMO O DESERTO.

AS SEQUOIAS SÃO ÁRVORES QUE PODEM ATINGIR MAIS DE 100 METROS DE ALTURA. ELAS PODEM SER ENCONTRADAS NO ESTADO DA CALIFÓRNIA, NOS ESTADOS UNIDOS.

- VOCÊ CONHECE PLANTAS QUE VIVEM PERTO DE RIOS E MARES? COMO ELAS SÃO?

11

OS ANIMAIS

OS ANIMAIS SÃO SERES VIVOS QUE PODEM SER ENCONTRADOS EM DIFERENTES AMBIENTES.

HÁ ANIMAIS QUE HABITAM REGIÕES GELADAS, COMO O POLO NORTE E O POLO SUL. PINGUINS, FOCAS, LEÕES-MARINHOS, URSOS-POLARES E ALGUMAS AVES VIVEM NESSAS REGIÕES.

ALGUNS ANIMAIS VIVEM NAS FLORESTAS.

PEIXES E MUITOS OUTROS ANIMAIS VIVEM NOS RIOS, NOS LAGOS, NOS MARES E NOS OCEANOS.

FOCA SOBRE O GELO. TAMANHO: CERCA DE 1 METRO E 70 CENTÍMETROS.

PEIXES E CORAIS NO FUNDO DO MAR.

AS MINHOCAS ESCAVAM PEQUENOS TÚNEIS EMBAIXO DA TERRA. TAMANHO: PODEM CHEGAR A 15 CENTÍMETROS.

O MICO-LEÃO-DOURADO VIVE EM FLORESTAS BRASILEIRAS. TAMANHO: CERCA DE 30 CENTÍMETROS.

- EM UMA FOLHA DE PAPEL À PARTE, DESENHE UM ANIMAL OU UMA PLANTA DE QUE VOCÊ GOSTA. NÃO SE ESQUEÇA DE DESENHAR ONDE ELE VIVE. DEPOIS, EXPONHA SEU DESENHO NA SALA.

AGORA É COM VOCÊ

1 OBSERVE AS IMAGENS ABAIXO E RESPONDA ÀS QUESTÕES.

BICHO-PREGUIÇA EM ÁRVORE.
TAMANHO: CERCA DE 70 CENTÍMETROS.

RÃ SOBRE UMA PLANTA AQUÁTICA.
TAMANHO: CERCA DE 15 CENTÍMETROS.

DROMEDÁRIO EM UM DESERTO.
TAMANHO: CERCA DE 2 METROS.

PINGUINS NA ANTÁRTIDA. TAMANHO: CERCA DE 1 METRO E 20 CENTÍMETROS.

A) QUE PLANTAS É POSSÍVEL OBSERVAR NESSAS IMAGENS?

_____

_____

B) E QUE ANIMAIS?

_____

_____

AGORA É COM VOCÊ

2 LEIA ESTA HISTÓRIA EM QUADRINHOS. DEPOIS, RESPONDA ÀS QUESTÕES.

TURMA DA MÔNICA, DE MAURICIO DE SOUSA.

A) O ANIMAL DE ESTIMAÇÃO DO CEBOLINHA CHAMA-SE FLOQUINHO. QUE ANIMAL É ESSE?

B) QUE ANIMAIS FLOQUINHO FINGE SER DURANTE A HISTÓRIA?

C) O QUE FLOQUINHO FAZ PARA TENTAR SE PASSAR POR OUTROS ANIMAIS?

UNIDADE 1

VAMOS INVESTIGAR

PLANTAS E ANIMAIS DA ESCOLA

VOCÊ JÁ REPAROU NAS PLANTAS E NOS ANIMAIS QUE EXISTEM NA ESCOLA? VAMOS INVESTIGAR QUAIS PODEMOS ENCONTRAR?

COLETA DE DADOS

1. VOCÊ E SEUS COLEGAS VÃO OBSERVAR AS PLANTAS E OS ANIMAIS QUE ENCONTRAREM NA ESCOLA. DEPOIS VÃO ANOTAR NO QUADRO O QUE DESCOBRIREM.

TIPO DE PLANTA	EM QUE LOCAL DA ESCOLA ESSA PLANTA ESTÁ?	O QUE MAIS CHAMOU A ATENÇÃO DE VOCÊS NESSA PLANTA?	ALGUM ANIMAL VIVE NESSA PLANTA? QUAL?

2. VOCÊS ENCONTRARAM ANIMAIS EM OUTROS LOCAIS DA ESCOLA, SEM SER NAS PLANTAS? QUAIS? ONDE ELES ESTAVAM?

PENSANDO SOBRE OS RESULTADOS

1. OS ANIMAIS QUE VOCÊS ENCONTRARAM SOBRE AS PLANTAS PODEM VIVER SEM ELAS?

    ☐ SIM   ☐ NÃO

2. HÁ ANIMAIS QUE PODEM VIVER SEM AS PLANTAS?

3. EXPLIQUE COMO VOCÊ E SEUS COLEGAS PODEM AJUDAR A MANTER AS PLANTAS E OS ANIMAIS DA ESCOLA.

VAMOS FALAR SOBRE...

BICHO-DA-SEDA

O BICHO-DA-SEDA NÃO FAZ SEDA. QUEM FAZ É A **LARVA** DO BICHO. A SEDA É O FIO DO CASULO DELA.

CADA CASULO É FEITO DE UM ÚNICO FIO, QUE CHEGA A TER QUASE UM QUILÔMETRO DE COMPRIMENTO. NINGUÉM IMAGINA, DE TÃO FININHO E ENROLADO. [...]

A SEDA VEM DA BABA DA BOCA DA LARVA DO BICHO-DA-SEDA.

A LARVA MORA SÓ UM TEMPO NO CASULO. [...]

ADAPTADO DE: ARTHUR NESTROVSKI. **BICHOS QUE EXISTEM & BICHOS QUE NÃO EXISTEM**. SÃO PAULO: COSAC & NAIFY, 2002.

> **LARVA:** FORMA JOVEM DE UM ANIMAL, QUE VAI PASSAR POR MUDANÇAS ATÉ SE TRANSFORMAR EM UM ADULTO.

LARVA (LAGARTA) DO BICHO-DA-SEDA, COM CERCA DE 6 CENTÍMETROS, DENTRO DO CASULO, ONDE FICA ATÉ SE TRANSFORMAR EM ADULTO.

O BICHO-DA-SEDA ADULTO SAI DO CASULO TRANSFORMADO EM MARIPOSA, MEDINDO CERCA DE 5 CENTÍMETROS.

1. VOCÊ JÁ VIU BICHOS-DA-SEDA?

2. ASSIM COMO O BICHO-DA-SEDA, EXISTEM OUTROS ANIMAIS QUE, DEPOIS DA FASE DE CRESCIMENTO, FICAM MUITO DIFERENTES. VOCÊ CONHECE ALGUM? QUAL?

3. A SEDA É UTILIZADA PARA FABRICAÇÃO DE TECIDO. DE QUE OUTROS ANIMAIS APROVEITAMOS MATERIAL PARA PRODUZIR ROUPAS?

AUTOAVALIAÇÃO

AGORA É HORA DE PENSAR SOBRE O QUE VOCÊ EXPERIMENTOU E APRENDEU. MARQUE UM **X** NA OPÇÃO QUE MELHOR REPRESENTA SEU DESEMPENHO.

	😃	🤔	😕
1. RECONHEÇO DIFERENÇAS E SEMELHANÇAS ENTRE OS SERES VIVOS.			
2. RECONHEÇO ALGUMAS CARACTERÍSTICAS DOS ANIMAIS.			
3. RECONHEÇO ALGUMAS CARACTERÍSTICAS DAS PLANTAS.			

SUGESTÕES

📖 PARA LER

- **ESPERANÇA É O BICHO**: BRINCANDO COM AS PALAVRAS E A BIODIVERSIDADE, DE ROGÉRIO G. NIGRO. EDITORA ÁTICA.

    COM TEXTO POÉTICO E BEM-HUMORADO, O LIVRO APRESENTA SERES VIVOS COM NOME DE DUPLO SENTIDO, COMO CHORÃO E PREGUIÇA, E DESAFIA O LEITOR A PROCURAR EM IMAGENS OUTROS SERES VIVOS, AMPLIANDO O VOCABULÁRIO E CONHECIMENTO SOBRE BIODIVERSIDADE.

- **PLANETA BICHO**: UM ALMANAQUE ANIMAL!, DE LUIZ ROBERTO GUEDES. EDITORA FORMATO.

    O LIVRO APRESENTA, EM FORMA DE POESIA, ALGUNS BICHOS COMO A ARANHA, O BEIJA-FLOR, O GAVIÃO, ENTRE OUTROS.

▶️ PARA ASSISTIR

- **BITA E OS ANIMAIS** (DVD), SONY MUSIC.

    ANIMAÇÃO COM CANÇÕES SOBRE OS ANIMAIS E OS AMBIENTES EM QUE VIVEM.

UNIDADE 2
COMO SÃO AS PLANTAS?

NESTA UNIDADE VOCÊ VAI:

- IDENTIFICAR AS PRINCIPAIS PARTES DE UMA PLANTA.
- ENTENDER A FUNÇÃO DE ALGUMAS PARTES DAS PLANTAS.
- COMPREENDER A IMPORTÂNCIA DA ÁGUA E DA LUZ PARA AS PLANTAS.
- RECONHECER AS RELAÇÕES ENTRE AS PLANTAS E OUTROS SERES VIVOS.

OBSERVE AS IMAGENS E CONVERSE COM SEUS COLEGAS:

1. TODAS AS PLANTAS ILUSTRADAS SÃO ÁRVORES? ELAS SÃO IGUAIS?
2. ELAS SE PARECEM COM ÁRVORES QUE VOCÊ CONHECE?
3. VOCÊ JÁ VIU ÁRVORES TÃO DIFERENTES UMAS DAS OUTRAS COMO ESTAS?
4. VOCÊ ACHA QUE AS ÁRVORES PODEM SERVIR DE MORADA PARA OS ANIMAIS?

ENVIREIRA

EMBAÚBA

CEDRORANA

- CORES ARTIFICIAIS
- ELEMENTOS NÃO PROPORCIONAIS ENTRE SI

MARUPÁ

SUCUPIRA

ACAPU

TANIBUCA

LOURO

UCUUBA

MAÇARANDUBA

CEDRO

ANANI

ILUSTRAÇÕES PRODUZIDAS POR INDÍGENAS DA ETNIA TICUNA PARA A OBRA **O LIVRO DAS ÁRVORES**.

GRUBER, Jussara Gomes (Org.); Organização Geral dos Professores Ticuna Bilíngues. O livro das árvores. Benjamin Constant: 1997. Disponível em: <www.dominiopublico.gov.br/download/texto/me002040.pdf>.

A DIVERSIDADE DAS PLANTAS

AS PLANTAS PODEM TER CARACTERÍSTICAS BEM DIFERENTES UMAS DAS OUTRAS, COMO AS CORES DIFERENTES QUE PODEMOS OBSERVAR EM UM JARDIM. QUANTOS TIPOS DE PLANTAS VOCÊ CONSEGUE IDENTIFICAR ABAIXO?

JARDIM BOTÂNICO DE CURITIBA, PARANÁ, 2015.

AS RAÍZES DA VITÓRIA-RÉGIA, UMA PLANTA AQUÁTICA, SE FIXAM NO FUNDO DE LAGOS E DE RIOS. SUAS FOLHAS MEDEM CERCA DE 1 METRO E 50 CENTÍMETROS. POCONÉ, MATO GROSSO, 2017.

A ARAUCÁRIA (PINHEIRO-DO-PARANÁ) CRESCE EM REGIÕES FRIAS E PODE ATINGIR 50 METROS. CAMPOS DO JORDÃO, SÃO PAULO, 2012.

O MANDACARU É UM CACTO QUE ATINGE CERCA DE 5 METROS E É ENCONTRADO EM REGIÕES QUENTES DO BRASIL. ICAPUÍ, CEARÁ, 2014.

UNIDADE 2

AGORA É COM VOCÊ

1 OBSERVE A IMAGEM A SEGUIR. NELA VEMOS UMA HORTA COM ALGUNS TIPOS DE PLANTA.

HORTA EM RIO DAS OSTRAS, RIO DE JANEIRO, 2018.

- COMO VOCÊ PODE DIFERENCIAR UMA PLANTA DA OUTRA?

2 DESENHE A FRUTA, A VERDURA OU O LEGUME QUE VOCÊ MAIS GOSTA DE COMER. DEPOIS, ESCREVA O NOME DO ALIMENTO.

AS CARACTERÍSTICAS DAS PLANTAS

COMO TODOS OS SERES VIVOS, AS PLANTAS CRESCEM, PODEM SE REPRODUZIR E MORREM.

SERÁ QUE AS PLANTAS, ASSIM COMO OS ANIMAIS, TAMBÉM SE LOCOMOVEM?

PARA RESPONDER A ESSA PERGUNTA, ANDE COM SEUS COLEGAS PELA SALA DE AULA. ISSO É LOCOMOÇÃO. DEPOIS PAREM EM UM LOCAL E MOVIMENTEM APENAS OS BRAÇOS.

- QUE DIFERENÇA VOCÊS OBSERVARAM ENTRE LOCOMOVER-SE E MOVIMENTAR-SE?

AS PLANTAS TÊM ALGUMAS CARACTERÍSTICAS QUE AS TORNAM DIFERENTES DOS ANIMAIS, COMO O FATO DE QUE ELAS NÃO SE LOCOMOVEM. NO ENTANTO, ELAS PODEM SE MOVIMENTAR.

AS FLORES DO GIRASSOL, ESPÉCIE QUE PODE ATINGIR 2 METROS, SE MOVEM ACOMPANHANDO A POSIÇÃO DO SOL.

AS FOLHAS DA DORMIDEIRA SE FECHAM COM UM LEVE TOQUE. RAMO COM CERCA DE 5 CENTÍMETROS.

AO CONTRÁRIO DOS ANIMAIS, AS PLANTAS NÃO DEPENDEM DE OUTROS SERES VIVOS PARA SE ALIMENTAR. ELAS PRODUZEM SEU PRÓPRIO ALIMENTO. PARA ISSO, PRECISAM DE ÁGUA, LUZ E AR.

A MAIORIA DAS PLANTAS TEM RAÍZES, CAULE E FOLHAS. ALGUMAS TAMBÉM POSSUEM FLORES E FRUTOS.

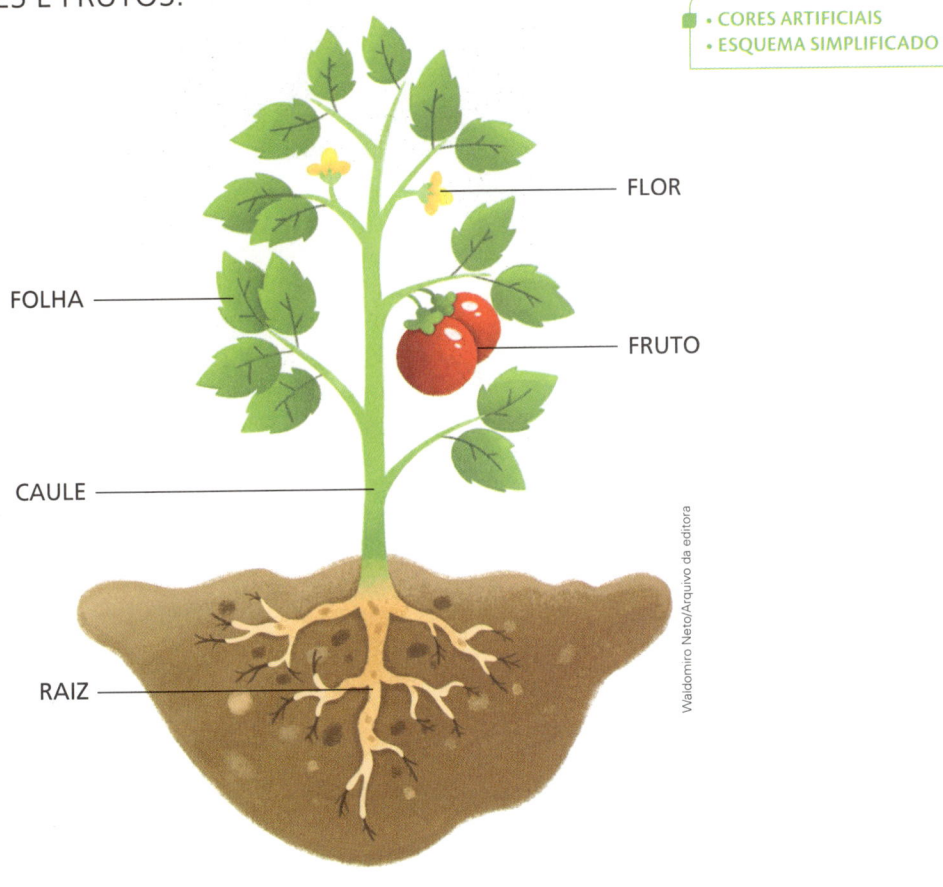

- CORES ARTIFICIAIS
- ESQUEMA SIMPLIFICADO

FLOR

FOLHA

FRUTO

CAULE

RAIZ

AS RAÍZES ABSORVEM ÁGUA COM **NUTRIENTES** DO SOLO. O CAULE LEVA ESSA ÁGUA PARA TODAS AS PARTES DA PLANTA.

NA PRESENÇA DE LUZ, AS FOLHAS TRANSFORMAM A ÁGUA E PARTE DO AR ABSORVIDO EM ALIMENTO, QUE É DISTRIBUÍDO PARA TODAS AS PARTES DA PLANTA.

NUTRIENTE: SUBSTÂNCIA QUE NUTRE E É ESSENCIAL PARA A VIDA.

AS RAÍZES FIXAM A PLANTA NO SOLO.

A PLANTA MORRE SE NÃO RECEBER ÁGUA PARA PRODUZIR SEU ALIMENTO.

OS FRUTOS DAS PLANTAS CONTÊM SEMENTES. A PARTIR DESSAS SEMENTES, NOVAS PLANTAS NASCEM E SE DESENVOLVEM.

AS SEMENTES FICAM DENTRO DO FRUTO.

VAMOS FALAR SOBRE...

ÁRVORES

AS ÁRVORES SÃO AS MAIORES PLANTAS DO MUNDO. A MAIORIA DELAS FICA MUITO MAIS ALTA DO QUE NÓS. TODAS AS ÁRVORES TÊM TRONCO, FOLHAS, GALHOS E RAÍZES COMPRIDAS QUE SE ESTICAM PARA DEBAIXO DO SOLO. AS ÁRVORES VIVEM BEM MAIS QUE NÓS.

PENELOPE ARLON. **ÁRVORES**. SÃO PAULO: CARAMELO, 2006. (COLEÇÃO PRIMEIRAS DESCOBERTAS).

ESTA SEQUOIA GIGANTE FICA NA CALIFÓRNIA, NOS ESTADOS UNIDOS. FOTOGRAFIA DE 2015.

1. AS ÁRVORES SÃO AS MAIORES PLANTAS DO MUNDO, MAS ELAS NÃO COMEÇAM A VIDA JÁ GRANDES. COMO É O INÍCIO DA VIDA DE UMA ÁRVORE?

2. NA SUA OPINIÃO, É IMPORTANTE PRESERVAR AS PLANTAS? O QUE VOCÊ PODE FAZER PARA COLABORAR COM A PRESERVAÇÃO DELAS?

VAMOS INVESTIGAR

A GERMINAÇÃO DA SEMENTE DO FEIJÃO

VAMOS TESTAR A IMPORTÂNCIA DA ÁGUA E DA LUZ NA **GERMINAÇÃO** DO FEIJÃO.

GERMINAÇÃO: PROCESSO INICIAL DE DESENVOLVIMENTO DE UMA SEMENTE.

SEMENTE DE FEIJÃO GERMINANDO.

LEVANTANDO HIPÓTESES

- PINTE O QUE VOCÊ ACHA QUE OS FEIJÕES PRECISAM PARA GERMINAR.

> OS FEIJÕES PRECISAM DE ÁGUA E DE LUZ.

> OS FEIJÕES PRECISAM DE ÁGUA, MAS NÃO DE LUZ.

> OS FEIJÕES PRECISAM DE LUZ, MAS NÃO DE ÁGUA.

MATERIAL

- ALGODÃO
- PAPEL-ALUMÍNIO E ELÁSTICO
- DEZESSEIS SEMENTES DE FEIJÃO
- QUATRO POTES PEQUENOS DE PLÁSTICO NÃO TRANSPARENTE, LIMPOS E SECOS

COMO FAZER

1. NUMERE OS POTES DE 1 A 4.
2. COLOQUE ALGODÃO NO FUNDO DOS QUATRO POTES.
3. EM CADA POTE, SOBRE O ALGODÃO, COLOQUE QUATRO FEIJÕES.
4. MOLHE O ALGODÃO DO POTE 1, SEM ENCHARCAR.
5. MOLHE O ALGODÃO DO POTE 2, SEM ENCHARCAR. DEPOIS, CUBRA COM PAPEL-ALUMÍNIO E PRENDA-O AO POTE COM UM ELÁSTICO.

VAMOS INVESTIGAR

6. NÃO MOLHE O ALGODÃO DO POTE 3.

7. NÃO MOLHE O ALGODÃO DO POTE 4. DEPOIS CUBRA COM PAPEL-ALUMÍNIO E PRENDA-O AO POTE COM UM ELÁSTICO.

8. DEIXE TODOS OS POTES NO MESMO LOCAL DURANTE SEIS DIAS.

OBSERVAÇÕES

1. APÓS SEIS DIAS, RETIRE O PAPEL-ALUMÍNIO E OBSERVE O QUE ACONTECEU EM CADA UM DOS QUATRO POTES.

2. ANOTE SUAS OBSERVAÇÕES. SE POSSÍVEL, FOTOGRAFE OU DESENHE O RESULTADO DE CADA UM DOS POTES.

3. COMPARE SEUS RESULTADOS COM OS DE SEUS COLEGAS.

CONCLUSÃO

1 O QUE VOCÊ OBSERVOU APÓS SEIS DIAS? ASSINALE COM UM **X** OS POTES ONDE OS FEIJÕES GERMINARAM:

☐ POTE 1 – FEIJÕES QUE RECEBERAM ÁGUA E LUZ.

☐ POTE 2 – FEIJÕES QUE RECEBERAM APENAS ÁGUA.

☐ POTE 3 – FEIJÕES QUE RECEBERAM APENAS LUZ.

☐ POTE 4 – FEIJÕES QUE NÃO RECEBERAM ÁGUA NEM LUZ.

2 DO QUE NECESSITAM AS SEMENTES DE FEIJÃO PARA GERMINAR?

☐ OS FEIJÕES PRECISAM DE ÁGUA E DE LUZ PARA GERMINAR.

☐ OS FEIJÕES PRECISAM DE ÁGUA, MAS NÃO DE LUZ.

☐ OS FEIJÕES PRECISAM DE LUZ, MAS NÃO DE ÁGUA.

3 COMPARE OS RESULTADOS COM SUA HIPÓTESE. ELA SE CONFIRMOU?

☐ SIM   ☐ NÃO

UNIDADE 2

AGORA É COM VOCÊ

1 A MAIORIA DAS PLANTAS TEM RAIZ, CAULE, FOLHA, FLOR, FRUTO E SEMENTE. CADA UMA DESSAS PARTES TEM UMA OU MAIS FUNÇÕES.

A) LIGUE CADA PARTE DE DIFERENTES PLANTAS À FUNÇÃO QUE ELA REALIZA.

• ELEMENTOS NÃO PROPORCIONAIS ENTRE SI

1. PRODUZIR ALIMENTO.

2. PROTEGER AS SEMENTES.

3. GERMINAR FORMANDO UMA NOVA PLANTA.

4. SUSTENTAR A PLANTA, COM SEUS GALHOS E FOLHAS.

5. ABSORVER ÁGUA DO SOLO E FIXAR A PLANTA.

6. FORMAR O FRUTO E A SEMENTE.

AGORA É COM VOCÊ

B) INDIQUE, NA FIGURA AO LADO, OS NÚMEROS QUE CORRESPONDEM A CADA UMA DAS PARTES DA PLANTA.

1. RAIZ
2. CAULE
3. FLOR
4. FOLHA
5. FRUTO

• ESQUEMA SIMPLIFICADO

2 LEIA A HISTÓRIA EM QUADRINHOS.

TURMA DA MÔNICA, DE MAURICIO DE SOUSA.

MARQUE COM UM **X**:

A) O QUE CEBOLINHA E MAGALI ESTÃO FAZENDO PARA QUE A PLANTA POSSA CRESCER?

☐ ESTÃO MOLHANDO A PLANTA.

☐ ESTÃO PODANDO A PLANTA.

☐ ESTÃO OLHANDO A PLANTA.

☐ ESTÃO PENSANDO NA PLANTA.

B) CASCÃO NÃO ESTÁ FAZENDO A MESMA COISA QUE CEBOLINHA E MAGALI. POR QUE ELE ESCOLHEU UM CACTO COMO PLANTA DE ESTIMAÇÃO?

UNIDADE 2

AS PLANTAS E OS ANIMAIS NO AMBIENTE

VOCÊ APRENDEU QUE AS PLANTAS PRODUZEM SEU PRÓPRIO ALIMENTO.

OS ANIMAIS NÃO FAZEM ISSO. PARA SE ALIMENTAREM, ELES PODEM COMER PLANTAS OU OUTROS ANIMAIS.

UMA CUTIA EM UMA FLORESTA PODE COMER FRUTOS. UMA JAGUATIRICA, NESSA MESMA FLORESTA, PODE SE ALIMENTAR DA CUTIA.

CUTIA. TAMANHO: CERCA DE 60 CENTÍMETROS.

JAGUATIRICA. TAMANHO: CERCA DE 1 METRO.

A CUTIA E A JAGUATIRICA VIVEM NA MATA ATLÂNTICA.

A CUTIA E A JAGUATIRICA SÃO EXEMPLOS DE ANIMAIS SILVESTRES QUE NASCEM E SE DESENVOLVEM EM AMBIENTES NATURAIS E NÃO ESTÃO HABITUADOS À PRESENÇA DO SER HUMANO.

- A CUTIA DEPENDE DAS PLANTAS PARA SE ALIMENTAR. VOCÊ ACHA QUE A JAGUATIRICA TAMBÉM DEPENDE DAS PLANTAS DE QUE A CUTIA SE ALIMENTA?

AGORA É COM VOCÊ

1 OBSERVE AS IMAGENS. DEPOIS, LIGUE O NOME DO SER VIVO À FORMA COMO ELE INTERAGE COM O AMBIENTE.

• ELEMENTOS NÃO PROPORCIONAIS ENTRE SI

PERIQUITO	VIVE NA ÁGUA E SE ALIMENTA DE OUTROS ANIMAIS.
ÁRVORE	PRECISA DAS ÁRVORES PARA VIVER E COME FRUTOS.
VACA	PRODUZ SEU PRÓPRIO ALIMENTO NA PRESENÇA DE LUZ.
JACARÉ	COME GRAMA E PODE SER ALIMENTO DE OUTROS ANIMAIS.

2 AS IMAGENS A SEGUIR MOSTRAM DOIS SERES VIVOS DIFERENTES.

PAU-BRASIL.

MACACO-PREGO COMENDO UM FRUTO.

ASSINALE COM UM **X** AS AFIRMAÇÕES CORRETAS SOBRE ESSES SERES VIVOS.

☐ UM DESSES SERES VIVOS PODE SERVIR DE ABRIGO PARA OUTROS.

☐ OS DOIS SERES VIVOS CRESCEM, PODEM SE REPRODUZIR E MORREM.

☐ A ÁRVORE DEPENDE DO AMBIENTE PARA VIVER, E O MACACO NÃO DEPENDE.

☐ TANTO A ÁRVORE COMO O MACACO TÊM A CAPACIDADE DE SE LOCOMOVER.

UNIDADE 2

AUTOAVALIAÇÃO

AGORA É HORA DE PENSAR SOBRE O QUE VOCÊ EXPERIMENTOU E APRENDEU. MARQUE UM **X** NA OPÇÃO QUE MELHOR REPRESENTA SEU DESEMPENHO.

	😄	🤔	😐
1. IDENTIFICO AS PRINCIPAIS PARTES DE UMA PLANTA.			
2. ENTENDO A FUNÇÃO DE ALGUMAS PARTES DAS PLANTAS.			
3. COMPREENDO A IMPORTÂNCIA DA ÁGUA E DA LUZ PARA AS PLANTAS.			
4. RECONHEÇO AS RELAÇÕES ENTRE AS PLANTAS E OS DEMAIS SERES VIVOS.			

SUGESTÕES

PARA LER

- **MAMÃO, MELANCIA, TECIDO E POESIA**, DE FÁBIO SOMBRA. EDITORA MODERNA.
QUE TAL DECIFRAR ADIVINHAS SOBRE AS FRUTAS TROPICAIS? POR MEIO DE RIMAS E VERSOS, SAIBA MAIS SOBRE AS FRUTAS ENCONTRADAS EM PAÍSES DE CLIMA TROPICAL.

- **A PLANTA E O VENTO**, DE LYGIA CAMARGO SILVA. EDITORA ÁTICA.
NESTE LIVRO, VOCÊ VERÁ COMO A ÁRVORE FLORESCE E DÁ FRUTOS E COMO O VENTO ESPALHA SUAS SEMENTES.

UNIDADE 3
ONDE HABITAM OS SERES VIVOS?

NESTA UNIDADE VOCÊ VAI:

- OBSERVAR O AMBIENTE EM QUE VOCÊ VIVE.
- IDENTIFICAR OS COMPONENTES DOS AMBIENTES.
- CLASSIFICAR OS TIPOS DE AMBIENTE.
- DIFERENCIAR SER VIVO DE ELEMENTO NÃO VIVO.

OBSERVE A IMAGEM E CONVERSE COM SEUS COLEGAS:

1. O QUE ESTÁ REPRESENTADO NA PINTURA?
2. HÁ SERES VIVOS NESTE AMBIENTE? QUAIS?
3. E O QUE MAIS EXISTE NESTE AMBIENTE?
4. VOCÊ ACHA QUE ESTE É UM AMBIENTE AQUÁTICO OU UM AMBIENTE TERRESTE?

FLORESTA TROPICAL COM MACACOS, DE HENRI ROUSSEAU, 1910. ÓLEO SOBRE TELA, 129,5 CM × 162,5 CM.

COMO É MINHA MORADIA

TUDO QUE ESTÁ EM TORNO DE NÓS PODE SER CHAMADO DE AMBIENTE. OS LOCAIS ONDE MORAMOS, ESTUDAMOS, PASSEAMOS E BRINCAMOS SÃO AMBIENTES.

EM CADA AMBIENTE, PODEM EXISTIR ELEMENTOS VARIADOS, COMO A ÁGUA, O AR, O SOLO, A LUZ, OS SERES VIVOS, AS CONSTRUÇÕES, ETC.

COSTUMAMOS CHAMAR O AMBIENTE ONDE MORAMOS DE "NOSSA CASA". A NOSSA CASA É A NOSSA MORADIA, E NELA VIVEM PESSOAS E, MUITAS VEZES, OUTROS SERES VIVOS, COMO PLANTAS E ANIMAIS.

EXISTEM VÁRIOS TIPOS DE MORADIA. COMO É A SUA? FAÇA UM DESENHO NO QUADRO ABAIXO.

- EM QUAL ESPAÇO DA SUA CASA VOCÊ MAIS GOSTA DE FICAR? O QUE EXISTE NESSE LUGAR QUE AGRADA A VOCÊ?

VAMOS INVESTIGAR

TODAS AS MORADIAS SÃO IGUAIS?

VAMOS INVESTIGAR AS CARACTERÍSTICAS DAS MORADIAS?

OBSERVAÇÕES

1 VEJA A MORADIA INDÍGENA ABAIXO. ELA SE PARECE COM A SUA?

MORADIA DO POVO INDÍGENA PARESÍ EM CAMPO NOVO DO PARECIS, MATO GROSSO, 2017.

2 OBSERVE O DESENHO QUE VOCÊ FEZ NA PÁGINA ANTERIOR. QUAIS SÃO AS SEMELHANÇAS ENTRE A SUA MORADIA E A MORADIA INDÍGENA?

3 QUAIS SÃO AS DIFERENÇAS ENTRE AS DUAS MORADIAS?

COLETA DE DADOS

- OBSERVE O DESENHO DA SUA MORADIA NA PÁGINA ANTERIOR E MARQUE COM UM **X** O QUE EXISTE NELA.

☐ LUZ   ☐ PLANTAS

☐ AR   ☐ ANIMAIS

☐ SOLO   ☐ COGUMELOS

☐ PEDRAS   ☐ ÁGUA

VAMOS INVESTIGAR

CONCLUSÃO

- ACOMPANHE COM O PROFESSOR OS ITENS QUE VOCÊ E SEUS COLEGAS ASSINALARAM. ESCREVA NO QUADRO OS RESULTADOS DA INVESTIGAÇÃO.

O QUE HÁ EM TODAS AS MORADIAS DOS ALUNOS DA SALA	O QUE HÁ EM ALGUMAS MORADIAS DOS ALUNOS DA SALA	O QUE NÃO HÁ NAS MORADIAS DOS ALUNOS DA SALA

PENSANDO SOBRE OS RESULTADOS

1 OS COMPONENTES DOS AMBIENTES SÃO SEMPRE OS MESMOS?

☐ SIM   ☐ NÃO

2 QUE OUTROS AMBIENTES VOCÊ COSTUMA FREQUENTAR EM SEU DIA A DIA? ESCOLHA UM E FAÇA UM DESENHO DELE EM UMA FOLHA À PARTE.

3 QUAIS SERES VIVOS HABITAM O AMBIENTE QUE VOCÊ DESENHOU?

UNIDADE 3

COMO É MINHA ESCOLA

ASSIM COMO A NOSSA CASA, A ESCOLA TAMBÉM É UM AMBIENTE NO QUAL PASSAMOS GRANDE PARTE DO DIA.

VOCÊ JÁ PENSOU NAS DIFERENÇAS ENTRE A ESCOLA E A SUA CASA?

- COM A AJUDA DO PROFESSOR, FAÇA UMA LISTA COM TODOS OS ESPAÇOS QUE EXISTEM NO SEU AMBIENTE ESCOLAR. DEPOIS, DESENHE NO QUADRO ABAIXO O ESPAÇO DE QUE VOCÊ MAIS GOSTA EM SUA ESCOLA.

OS AMBIENTES DA TERRA

A TERRA É O PLANETA EM QUE VIVEMOS. NELE HÁ VÁRIOS AMBIENTES, COM MUITAS DIFERENÇAS ENTRE ELES. VAMOS CONHECER ALGUNS?

IMAGEM DE SATÉLITE MOSTRANDO A TERRA E A LUA. O QUE CADA PARTE COLORIDA DA TERRA REPRESENTA?

NOS DESERTOS CHOVE POUCO E HÁ POUCA ÁGUA. AINDA ASSIM, HÁ SERES VIVOS QUE LÁ HABITAM. DESERTO DA CALIFÓRNIA, ESTADOS UNIDOS, 2017.

NOS AMBIENTES POLARES, HÁ GELO POR TODA PARTE E FAZ MUITO FRIO. HÁ SERES VIVOS POR LÁ TAMBÉM. ÁRTICO, NORUEGA, 2016.

NAS FLORESTAS, EXISTE UMA GRANDE DIVERSIDADE DE PLANTAS E ANIMAIS. SANTARÉM, PARÁ, 2017.

OS OCEANOS, MARES, RIOS E LAGOS SÃO **AMBIENTES AQUÁTICOS**.

AS PORÇÕES DE TERRA SÃO **AMBIENTES TERRESTRES**.

FUNDO DO OCEANO ATLÂNTICO NO PARQUE NACIONAL MARINHO DE ABROLHOS. CARAVELAS, BAHIA, 2016.

RIO CAPIBARIBE E CIDADE DO RECIFE, PERNAMBUCO, 2017.

- A CIDADE DO RECIFE É UM AMBIENTE AQUÁTICO OU TERRESTRE?

VAMOS INVESTIGAR

TERRÁRIO

UM TERRÁRIO É UM RECIPIENTE NO QUAL É MONTADO UM PEQUENO AMBIENTE, COM PLANTAS, TERRA E ALGUNS OUTROS SERES VIVOS.

VAMOS CONSTRUIR UM TERRÁRIO DENTRO DE UMA GARRAFA PLÁSTICA?

TATUZINHO-DE-QUINTAL. TAMANHO: CERCA DE 1 CENTÍMETRO.

MATERIAL

- GARRAFA PLÁSTICA (TRANSPARENTE) DE 5 LITROS COM TAMPA
- TATUZINHOS-DE-QUINTAL
- PEDAÇO DE ARAME COM PONTA RECURVADA
- PEDRINHAS
- PLANTAS PEQUENAS
- TERRA VEGETAL
- MINHOCAS
- CARACÓIS
- LUVAS PARA JARDINAGEM

MINHOCA. TAMANHO: CERCA DE 15 CENTÍMETROS.

! ATENÇÃO: USE LUVAS. TENHA MUITO CUIDADO AO MEXER NO ARAME E NÃO FAÇA NADA SEM A PRESENÇA DO PROFESSOR.

TENHA CUIDADO E RESPEITO AO MANIPULAR OS SERES VIVOS.

CARACOL. TAMANHO: CERCA DE 3 CENTÍMETROS.

COMO FAZER

1. VISTA AS LUVAS E COMECE COLOCANDO AS PEDRINHAS NO FUNDO DA GARRAFA.
2. COLOQUE TERRA ATÉ OCUPAR UM POUCO MENOS DA METADE DA GARRAFA.
3. COM O ARAME, ABRA PEQUENOS BURACOS NA TERRA E ENTERRE AS RAÍZES DAS PLANTAS.
4. MOLHE BEM A TERRA.
5. COLOQUE OS ANIMAIS.
6. FECHE A GARRAFA.
7. COLOQUE O TERRÁRIO EM LUGAR QUE TENHA LUZ, MAS SEM RECEBER DIRETAMENTE OS RAIOS SOLARES.

VAMOS INVESTIGAR

LEVANTANDO HIPÓTESES

VOCÊ VAI OBSERVAR O TERRÁRIO DURANTE UM MÊS.

- MARQUE UM **X** NAS ALTERNATIVAS QUE INDICAM O QUE VOCÊ ACHA QUE VAI ACONTECER NO TERRÁRIO DURANTE ESSE TEMPO.

☐ AS PLANTAS VÃO MORRER.   ☐ OS ANIMAIS VÃO MORRER.

☐ AS PLANTAS VÃO SOBREVIVER.   ☐ OS ANIMAIS VÃO SOBREVIVER.

OBSERVAÇÕES

ACOMPANHE O DESENVOLVIMENTO DO TERRÁRIO TODOS OS DIAS. ANOTE AS MUDANÇAS NO CADERNO.

- APÓS ESSE PERÍODO, SUAS HIPÓTESES FORAM CONFIRMADAS?

☐ SIM   ☐ NÃO

PENSANDO SOBRE OS RESULTADOS

1. O QUE ACONTECEU COM AS PAREDES DA GARRAFA?

2. DE QUE OS ANIMAIS SE ALIMENTAM DENTRO DA GARRAFA?

3. QUAIS SÃO OS SERES VIVOS DESSE AMBIENTE TERRESTRE?

4. ALÉM DOS SERES VIVOS, O QUE EXISTE NESSE AMBIENTE?

AGORA É COM VOCÊ

1 OBSERVE OS AMBIENTES DAS IMAGENS.

ÁREA COM PLANTAÇÃO DE TRIGO. LONDRINA, PARANÁ, 2017.

ÁREA OCUPADA POR CONSTRUÇÕES. CURITIBA, PARANÁ, 2017.

DESERTO DO SAARA. TUNÍSIA, 2015.

OCEANO E ILHA. ILHA DO SAL, CABO VERDE, 2016.

- ASSINALE COM UM **X** O AMBIENTE DE CADA IMAGEM NA TABELA ABAIXO.

AMBIENTE	TERRESTRE	AQUÁTICO	TERRESTRE E AQUÁTICO
PLANTAÇÃO			
OCEANO E ILHA			
DESERTO			
CIDADE			

SER VIVO E ELEMENTO NÃO VIVO

JÁ VIMOS QUE UM SER VIVO NASCE, CRESCE E PODE SE REPRODUZIR. TAMBÉM SABEMOS QUE, PARA VIVER, ELE PRECISA SE ALIMENTAR E QUE, UM DIA, ELE MORRE. ENTÃO, PODEMOS DIZER QUE UM BESOURO E UM ABACATEIRO SÃO SERES VIVOS.

POR QUE UM LÁPIS OU UMA PEDRA NÃO SÃO CONSIDERADOS SERES VIVOS?

VAMOS PENSAR UM POUCO MAIS SOBRE ISSO. OBSERVE A IMAGEM E RESPONDA ÀS QUESTÕES.

1) QUAIS SÃO OS SERES VIVOS DESSE AMBIENTE?

2) QUAIS SÃO OS ELEMENTOS NÃO VIVOS ILUSTRADOS ACIMA?

AO CONTRÁRIO DOS SERES VIVOS, OS ELEMENTOS NÃO VIVOS NÃO NASCEM, NÃO CRESCEM E NÃO SE REPRODUZEM.

OS ELEMENTOS NÃO VIVOS NÃO SE ALIMENTAM, NÃO SE MOVIMENTAM E, POR NÃO TEREM VIDA, NÃO MORREM.

UNIDADE 3

VAMOS FALAR SOBRE...

O LIXO NO AMBIENTE

O ATOBÁ-MARROM É UMA AVE MARINHA QUE PODE SER ENCONTRADA EM TODO O LITORAL BRASILEIRO. [...] ESSAS AVES PARECEM LEVAR UMA VIDA TRANQUILA, MAS UM PERIGO ESTÁ CADA VEZ MAIS PERTO DELAS: O LIXO.

EM VEZ DE USAR GRAVETOS, FOLHAS E OUTROS MATERIAIS NATURAIS PARA ACOMODAR SEUS FILHOTES, OS PAIS ATOBÁS-MARRONS USAM TAMBÉM [...] QUALQUER MATERIAL DEIXADO POR HUMANOS NAS PROXIMIDADES DAS ILHAS. O CONTATO DOS FILHOTES COM A POLUIÇÃO DESDE O INÍCIO DE SUAS VIDAS PODE CONSTITUIR UMA AMEAÇA [...].

FILHOTE DE ATOBÁ-MARROM. QUANDO ADULTA, ESSA AVE MEDE CERCA DE 80 CM.

EXISTEM DOIS GRANDES RISCOS. O PRIMEIRO É O EMARANHAMENTO EM CORDAS, LINHAS E REDES DE PESCA, QUE PODE CAUSAR SUFOCAMENTO OU A FRATURA DAS ASAS E PATAS, E A MORTE DOS ANIMAIS. O SEGUNDO É QUANDO O FILHOTE ENGOLE PEDACINHOS DE PLÁSTICOS, ESPONJAS, ANZÓIS E OUTROS ITENS, QUE PODEM CAUSAR SUFOCAMENTO, ENGASGO OU FERIDAS INTERNAS NO SEU APARELHO DIGESTÓRIO, E TAMBÉM CAUSAR A SUA MORTE. [...]

DAVI CASTRO TAVARES. O ATOBÁ-MARROM E O LIXO. **CIÊNCIA HOJE DAS CRIANÇAS**. DISPONÍVEL EM: <HTTP://CHC.ORG.BR/O-ATOBA-MARROM-E-O-LIXO/>. ACESSO EM: 3 MAIO 2018.

1. O QUE ESTÁ SENDO UMA AMEAÇA AOS ATOBÁS: OS SERES VIVOS OU OS ELEMENTOS NÃO VIVOS?

2. QUE NECESSIDADE COMUM A TODOS OS SERES VIVOS FAZ O FILHOTE DE ATOBÁ ENGOLIR RESTOS DE LIXO?

AGORA É COM VOCÊ

1 NO QUADRO ABAIXO, ESTÃO ESCRITOS OS NOMES DE ALGUNS SERES VIVOS E DE ALGUNS ELEMENTOS NÃO VIVOS.

CÃO	PEDRA	CARRO	ÁGUA	VENTO	CARACOL
ÁRVORE	AR	LUZ	ONÇA	FORMIGA	BEBÊ

- ESCREVA AS PALAVRAS DO QUADRO NAS TABELAS, SEPARANDO OS SERES VIVOS DOS ELEMENTOS NÃO VIVOS.

SER VIVO	

ELEMENTO NÃO VIVO	

2 ESCREVA O NOME DE DOIS SERES VIVOS E DE DOIS ELEMENTOS NÃO VIVOS QUE EXISTEM NO LOCAL ONDE VOCÊ ESTÁ.

SERES VIVOS: _____

ELEMENTOS NÃO VIVOS: _____

3 CITE DUAS CARACTERÍSTICAS DA PLANTA QUE NÃO EXISTEM NAS PEDRAS E QUE PERMITEM DIZER QUE A PLANTA É UM SER VIVO.

• ELEMENTOS NÃO PROPORCIONAIS ENTRE SI

UNIDADE 3

AUTOAVALIAÇÃO

AGORA É HORA DE PENSAR SOBRE O QUE VOCÊ EXPERIMENTOU E APRENDEU. MARQUE UM **X** NA OPÇÃO QUE MELHOR REPRESENTA SEU DESEMPENHO.

1. OBSERVO O AMBIENTE EM QUE VIVO E IDENTIFICO OS SEUS COMPONENTES.			
2. CLASSIFICO OS AMBIENTES EM TERRESTRES E AQUÁTICOS.			
3. DIFERENCIO ELEMENTOS NÃO VIVOS DE SERES VIVOS.			

SUGESTÕES

PARA LER

- **BERÇO DAS AVES**, DE NEIDE SIMÕES DE MATTOS E SUZANA FACCHINI GRANATO. EDITORA FORMATO.
  ESTA OBRA MOSTRA COMO DIVERSOS TIPOS DE AVES CONSTROEM SEUS NINHOS.

- **EU, VOCÊ E TUDO QUE EXISTE**, DE LILIANA IACOCCA. EDITORA ÁTICA. (COLEÇÃO SINAL VERDE).
  ESTA OBRA FALA SOBRE A IMPORTÂNCIA DE PRESERVAR A NATUREZA.

- **"POR QUE PROTEGER A NATUREZA?" APRENDENDO SOBRE MEIO AMBIENTE**, DE JEN GREEN E MIKE GORDON. EDITORA SCIPIONE. (COLEÇÃO VALORES).
  ESTE LIVRO DEIXA CLARO QUE É IMPOSSÍVEL VER A NATUREZA COMO ALGO À PARTE DE NÓS. TAMBÉM RESSALTA A IMPORTÂNCIA DE PROTEGER O MEIO AMBIENTE.

PARA ACESSAR

- WWW.SOSMA.ORG.BR
  VEJA ALGUMAS DICAS DE COMO AJUDAR NA PRESERVAÇÃO DA MATA ATLÂNTICA MESMO MORANDO NA CIDADE. ACESSO EM: 3 MAIO 2018.

CONECTANDO SABERES

MAIS ÁRVORES, POR FAVOR!

IMAGINE UM LUGAR BONITO, CALMO E AGRADÁVEL EM QUE VOCÊ SE SINTA MUITO BEM.

SE VOCÊ PENSOU EM UM LUGAR EM MEIO À NATUREZA, É PROVÁVEL QUE TENHA IMAGINADO UM LUGAR COM ÁRVORES. ÁRVORES, ASSIM COMO AS DEMAIS PLANTAS, PODEM PROMOVER UM ESTADO DE BEM-ESTAR E RELAXAMENTO.

IMAGINE COMO SERIA ESTA PAISAGEM SEM A PRESENÇA DAS ÁRVORES. PARQUE NACIONAL DA SERRA DO CIPÓ, MINAS GERAIS, 2017.

ALÉM DE PROPORCIONAR SOMBRA, AS ÁRVORES EMBELEZAM OS LUGARES E PODEM SER FONTE DE ALIMENTO, JÁ QUE PRODUZEM DIVERSOS TIPOS DE FRUTO.

NAS CIDADES, AS ÁRVORES TAMBÉM SÃO MUITO IMPORTANTES.

ELAS AJUDAM A DIMINUIR A POLUIÇÃO DO AR.

ÁRVORES REGULAM O FLUXO DE ÁGUA.

ONDE TEM ÁRVORES, O AR É MAIS FRESCO.

UM BAIRRO QUE TEM ÁRVORES É MAIS AGRADÁVEL PARA VIVER.

EM LOCAIS ARBORIZADOS NÃO É PRECISO USAR TANTO AR-CONDICIONADO.

A PRESENÇA DE ÁRVORES AUMENTA A BIODIVERSIDADE.

Ilustrações: Waldomiro Neto/Arquivo da editora

FONTE: **ÁRVORE, SER TECNOLÓGICO**. DISPONÍVEL EM: <HTTPS://ARVORESERTECNOLOGICO.TUMBLR.COM/IMAGE/154077111467>. ACESSO EM: 27 MAR. 2018.

CONVERSE COM SEUS COLEGAS:

1. NAS CIDADES, AS PRAÇAS E OS PARQUES PÚBLICOS SÃO ESPAÇOS DE CONVÍVIO ONDE GERALMENTE ENCONTRAMOS MUITAS ÁRVORES. VOCÊ FREQUENTA ALGUM LUGAR DESSES? VOCÊ GOSTARIA QUE HOUVESSE MAIS ESPAÇOS COMO ESSES NA CIDADE EM QUE VOCÊ MORA? POR QUÊ?

2. COMO VOCÊ PODE CONTRIBUIR PARA MANTER E AUMENTAR O NÚMERO DE ÁRVORES NA CIDADE?

UNIDADE 4

Os ambientes podem ser modificados?

Nesta unidade você vai:

- Reconhecer a diferença entre ambientes naturais e ambientes modificados.
- Reconhecer alguns exemplos de ambientes modificados.
- Identificar algumas consequências das modificações dos ambientes.

Observe a imagem e converse com seus colegas:

1. Que parte da imagem é um ambiente que não foi modificado pelo ser humano?

2. Como o ser humano modificou uma parte dessa região?

Vista parcial da Mata de Santa Genebra, área remanescente de Mata Atlântica, próxima a um bairro da cidade de Campinas, São Paulo, 2012.

Os ambientes naturais e os ambientes modificados

Os ambientes naturais são aqueles que sofreram pouca ou nenhuma alteração pela ação do ser humano. As imagens a seguir mostram alguns exemplos.

Cachoeira Véu de Noiva. Chapada dos Guimarães, Mato Grosso, 2016.

Morro Dois Irmãos. Fernando de Noronha, Pernambuco, 2016.

Os ambientes modificados são aqueles que sofreram muitas mudanças, causadas pela ação dos seres humanos. Veja alguns exemplos dessas alterações:

Cidade de São Paulo, São Paulo, 2016.

Floresta Tropical, Amazonas, 2016.

- Compare as imagens desta página. Qual é a diferença entre os ambientes? Quais tipos de alteração causada pelos seres humanos você pode identificar nas duas últimas imagens?

UNIDADE 4

Agora é com você

1 Faça um **X** nas imagens que apresentam um ambiente natural.

Alguns ambientes modificados

É muito provável que você, assim como a maioria das pessoas, viva em um ambiente modificado, como as cidades.

E um sítio, onde há plantações, criações de animais e poucas construções, é um ambiente natural ou modificado?

1 Observe a imagem a seguir e assinale com um **X** a opção correta.

Sítio em Monte Alegre de Goiás, Goiás, 2018.

☐ Ambiente natural ☐ Ambiente modificado

Acertou quem disse que é modificado, pois a presença de vegetação em um local não significa que ela sempre esteve ali. Ela pode ter sido plantada pelo ser humano, que teve de **desmatar** esse local primeiro.

Desmatar: tirar o mato, limpar o terreno.

A modificação do ambiente natural pelo ser humano é antiga e está ligada à ocupação humana dos territórios. Pensando no território que hoje corresponde ao Brasil, vamos entender como isso aconteceu e conhecer dois exemplos de ambientes modificados.

Há mais de quinhentos anos, muitos povos indígenas viviam aqui. Eles caçavam, pescavam e realizavam coletas na mata. Essas atividades modificavam pouco o ambiente natural. Não existiam cidades da forma como as conhecemos hoje.

Com a chegada dos portugueses, o número de pessoas aumentou e a vegetação foi derrubada para a construção de casas, igrejas, edifícios públicos, estradas e pontes. Os ambientes naturais começaram a se transformar mais rapidamente.

Ponte de cipó, gravura de Johann Moritz Rugendas, cerca de 1820. Amarrar o cipó entre duas árvores foi uma intervenção humana no ambiente para que os indígenas pudessem atravessar o rio sem se molhar. Nessa imagem, vemos um exemplo de ambiente natural **pouco modificado**.

Os povoados cresciam e se transformavam em vilas e, depois, em cidades.

Além disso, a vegetação foi derrubada para dar lugar a plantações, para alimentar as pessoas, e a pastos, para alimentar as criações de animais.

Derrubada de uma floresta, gravura de Johann Moritz Rugendas, cerca de 1820. Para construir casas, cultivar alimentos e criar animais era preciso abrir espaço derrubando árvores e deixando o terreno limpo. Nessa imagem, vemos um exemplo de ambiente natural que começa a ser **modificado**.

Os campos de cultivo

Plantações são espaços onde se cultiva um ou muitos tipos de planta destinados à alimentação humana, animal ou ao fornecimento de matéria-prima para a indústria. Se compararmos as plantações com uma cidade, podemos até pensar que elas sejam ambientes pouco modificados. Mas muitas modificações são feitas para transformar um ambiente natural em uma plantação.

Por exemplo, para que seja possível cultivar um campo de cana-de-açúcar, é preciso primeiro derrubar a vegetação natural.

Mata derrubada para plantio de cana-de-açúcar. Paragominas, Pará, 2014.

Solo sendo preparado para cultivo de cana-de-açúcar. Planalto, São Paulo, 2016.

Plantação de cana-de-açúcar em Capixaba, Acre, 2015.

Depois, o solo é preparado para o cultivo. Alguns agricultores queimam a vegetação que foi derrubada. Então, máquinas são usadas para revirar o solo e facilitar o plantio.

- **Hoje existe uma preocupação mundial muito grande em proteger os ambientes naturais. Por que você acha que ela existe?**

Reserva Ecológica de Guapiaçu, Cachoeiras de Macacu, Rio de Janeiro, 2017.

Agora é com você

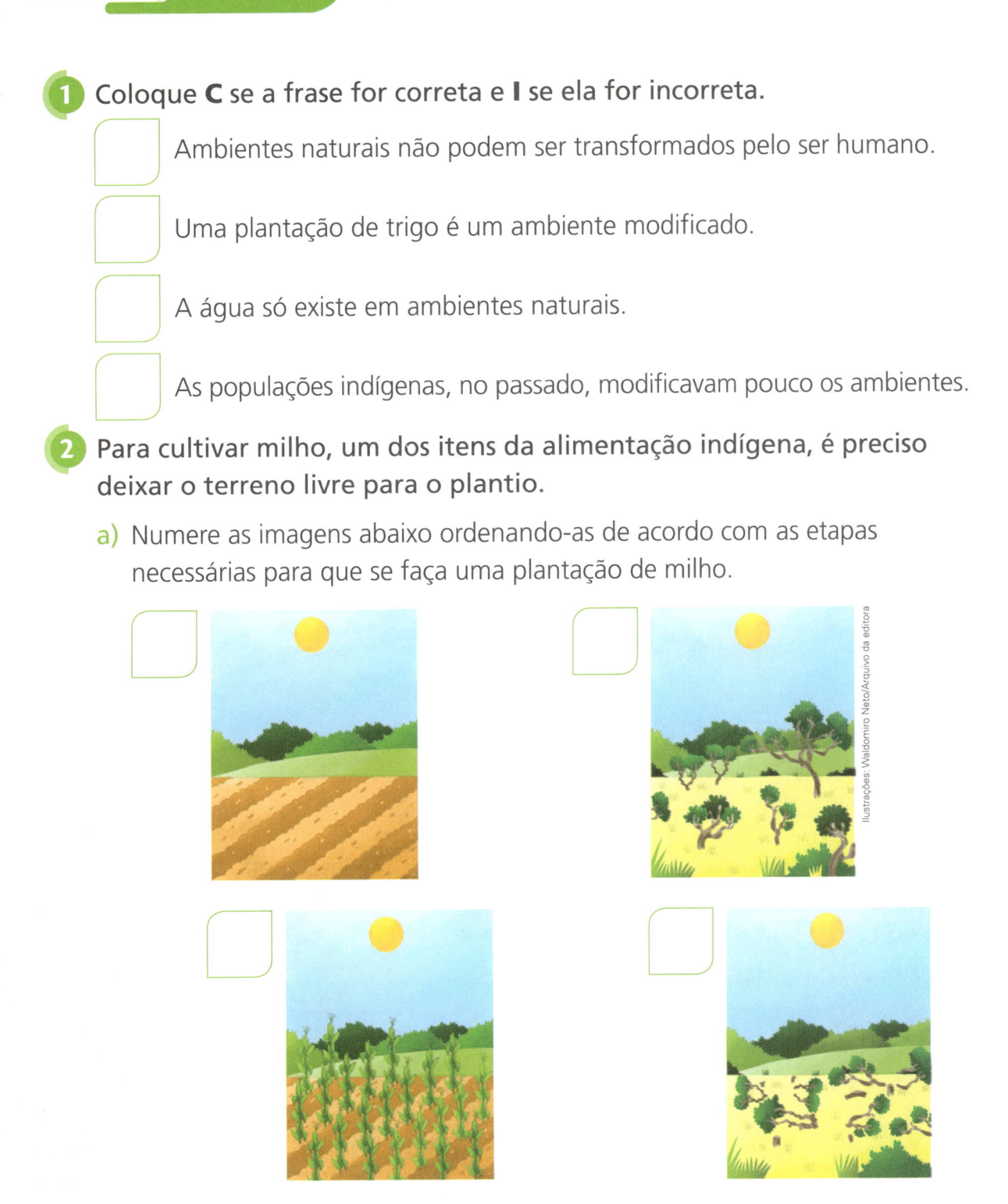

1 Coloque **C** se a frase for correta e **I** se ela for incorreta.

☐ Ambientes naturais não podem ser transformados pelo ser humano.

☐ Uma plantação de trigo é um ambiente modificado.

☐ A água só existe em ambientes naturais.

☐ As populações indígenas, no passado, modificavam pouco os ambientes.

2 Para cultivar milho, um dos itens da alimentação indígena, é preciso deixar o terreno livre para o plantio.

a) Numere as imagens abaixo ordenando-as de acordo com as etapas necessárias para que se faça uma plantação de milho.

b) Os indígenas que viviam no território que se tornou o Brasil modificaram o ambiente? Justifique.

3 Com o aumento da população, os ambientes se transformam mais depressa. Você concorda com essa afirmação ou discorda dela? Por quê?

Os seres vivos e os ambientes modificados

Imagine que será construída uma avenida na região onde você mora. Para isso, toda a área deverá ser desocupada, e você e todos os moradores das proximidades terão que deixar suas casas para morar em outro lugar.

Quando um ambiente natural é modificado, algo semelhante acontece. Geralmente, os primeiros "moradores" removidos são as plantas. Outros seres vivos que se abrigam ou vivem nelas também são removidos. Os animais que podem fugir saem à procura de outros lugares para viver.

Assim, a modificação de um ambiente provoca a morte ou a expulsão da maioria dos seres que nele vivem.

A construção de uma nova estrada sempre modifica os ambientes naturais. Duplicação da rodovia Jaime Câmara em Araçu, Goiás, 2016.

Vamos falar sobre...

Os bichos da cidade

Quem mora em São Paulo já está acostumado com a agitação da cidade. Carros para lá e para cá, prédios enormes, pedestres à beça. Mas você sabia que a grande metrópole também abriga cerca de 400 espécies diferentes de bichos? [...]

Tendo em mente o lema "Conhecer para preservar", técnicos, biólogos e veterinários reuniram-se para fazer uma lista da fauna da cidade e descobriram que vivem na capital paulista preguiças, carpas, gaviões, rãs, tatus, cobras, lagartos, além de muitos outros animais. "Existem espécies que estão totalmente inseridas na cidade", conta a bióloga Anelisa Magalhães, que participou da elaboração da lista. "Mesmo em áreas muito urbanizadas, elas fazem suas casas, alimentam-se e se reproduzem em meio à movimentação." [...]

Há bichos, porém, que fogem do concreto e procuram ambientes mais preservados para sobreviver, como as áreas de Mata Atlântica que existem ao redor de São Paulo. Ali vivem aves ameaçadas de extinção, como o pavão-do-mato e a araponga, que volta e meia são vistos em meio ao cinza da cidade. [...]

ABREU, Cathia. Bichos da cidade. **Ciência Hoje das Crianças**. Disponível em: <http://chc.org.br/bichos-da-cidade/>. Acesso em: 3 maio 2018.

Capivara no *campus* da Universidade de São Paulo. São Paulo, 2015. Tamanho: cerca de 1 metro e 20 centímetros.

Converse com seus colegas:

1. Você já encontrou no lugar em que mora algum dos animais descritos no texto?

2. Quando uma floresta é destruída, além de provocar a morte ou a fuga dos seres vivos, alteram-se também as minas e os cursos de água, que frequentemente secam. O que você acha disso?

Agora é com você

1 Frequentemente vemos exemplos de ambientes que foram modificados, seja para a construção de cidades, para a plantação de alimentos ou por causa da poluição. Veja a seguir um exemplo diferente e responda às questões.

O sonho do fotógrafo brasileiro Sebastião Salgado e de sua esposa, Lélia Wanick, de plantar uma floresta deu origem ao Instituto Terra, ONG ambiental que desde 1998 trabalha na recuperação de áreas degradadas de Mata Atlântica na região do Vale do Rio Doce, entre os estados de Minas Gerais e do Espírito Santo.

A sede do instituto, que antes era uma fazenda de gado degradada, abriga hoje uma floresta rica em diversidade de espécies da Mata Atlântica. Junto com a recuperação da área verde, nascentes voltaram a jorrar e animais antes desaparecidos, como pacas, raposas, capivaras, onças e macacos, além de bandos de passarinhos e diversos tipos de serpentes, começaram a voltar.

Fazenda Bulcão, sede do Instituto Terra. Aimorés, Minas Gerais, 2001.

Fazenda Bulcão em 2011.

a) Por que o exemplo é diferente do que estamos acostumados a ver?

b) Marque com um **X** as frases que estão de acordo com o texto.

☐ O exemplo mostra uma forma de modificação do ambiente.

☐ O ser humano apenas degrada os ambientes.

☐ Os animais permaneceram na área degradada da antiga fazenda.

☐ Com a recuperação da mata, as nascentes voltaram a jorrar.

UNIDADE 4

Autoavaliação

Agora é hora de pensar sobre o que você experimentou e aprendeu. Marque um **X** na opção que melhor representa seu desempenho.

1. Reconheço a diferença entre um ambiente natural e um ambiente modificado.			
2. Reconheço alguns exemplos de ambientes modificados.			
3. Identifico algumas consequências das modificações dos ambientes.			

Sugestões

Para ler

- **O menino que gostava de pássaros (e de muitas outras coisas)**, de Isabel Minhós Martins. Editora Ática. (Coleção Sinal Verde).

  O livro mostra a importância de preservar a natureza.

- **Uma dúzia e meia de bichinhos**, de Marciano Vasques. Editora Atual. (Coleção Mindinho e Seu Vizinho).

  Os versos retratam as belezas e as características de pequenos seres que vivem ao nosso redor, mas muitas vezes passam despercebidos aos nossos olhos.

- **Um zoológico no meu jardim**, de Mirna Pinsky. Editora Formato.

  Por meio de poemas, o livro mostra um menino que cuida de um imenso jardim onde vivem muitos bichos.

Para assistir

- **Os sem-floresta**
  Direção de Tim Johnson e Karey Kirkpatrick, United International Pictures.

  O desmatamento de uma floresta para a construção de cidade atinge diretamente os animais que habitam esse ambiente.

- **Wall-E**
  Direção de Andrew Stanton, Disney Pixar.

  O filme discute os impactos causados pelo lixo e a necessidade de reciclar.

UNIDADE 5
Cuidando dos ambientes

Nesta unidade você vai:

- Reconhecer a importância de cuidar dos ambientes.
- Reconhecer a importância da água nos ambientes.
- Identificar ações que contribuem para a preservação da água nos ambientes.
- Identificar ações que contribuem para o tratamento do lixo.

Observe a imagem e converse com seus colegas:

1. O que as crianças estão fazendo?
2. Na sua opinião, por que elas estão fazendo isso?

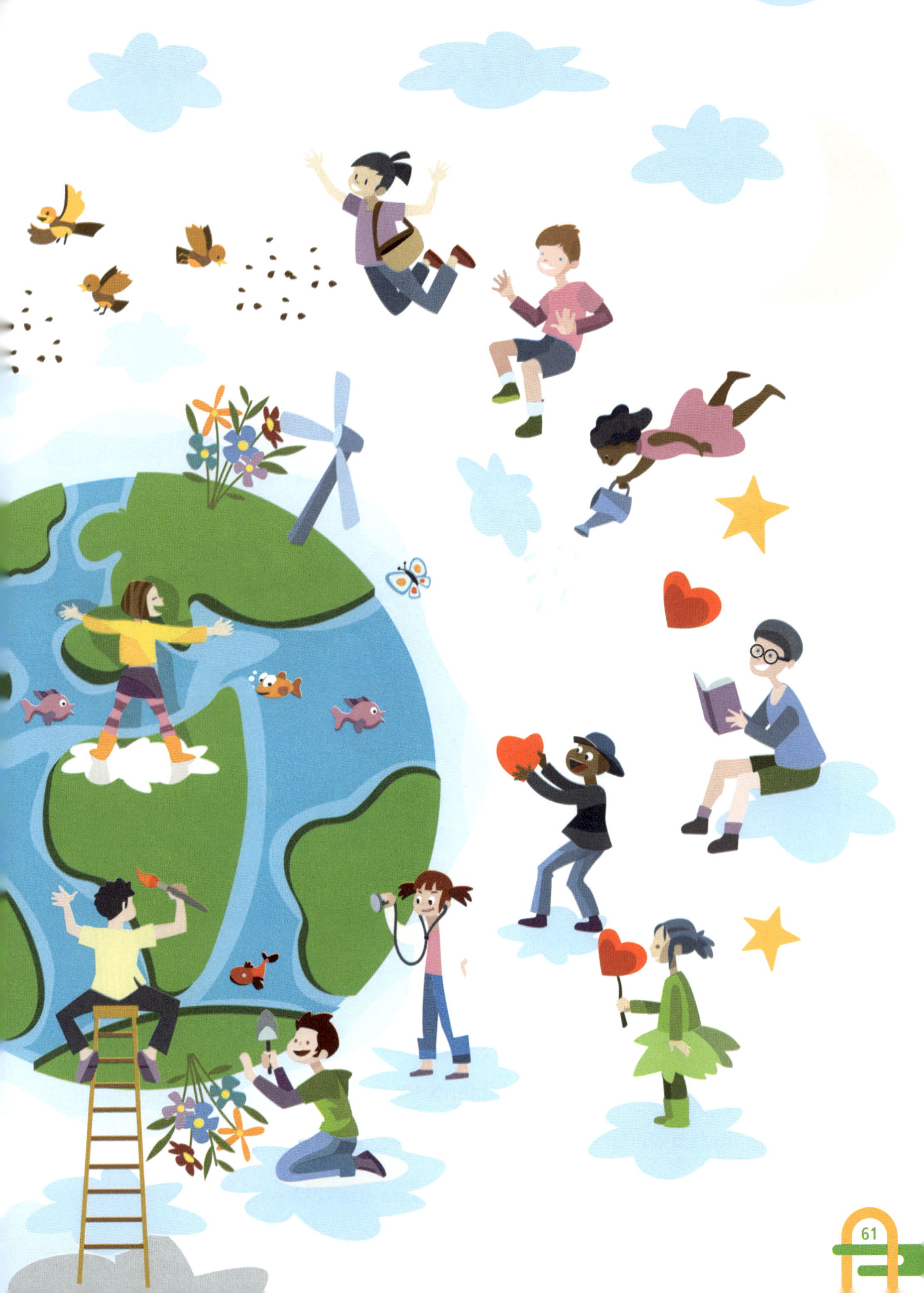

Cuidando do que é de todos

A casa e a escola são provavelmente os ambientes em que você passa a maior parte do seu tempo. Você já reparou que, por mais que brinque, bagunce e até mesmo faça sujeira, esses lugares voltam a ficar organizados e limpos?

Isso não é mágica. Isso acontece porque os ambientes são cuidados pelas pessoas que os utilizam. Dessa maneira, eles podem ser usados novamente por todos, além de nos causar uma sensação de bem-estar. Afinal, quem não gosta de estar em um lugar limpo, bonito e organizado?

Precisamos cuidar sempre dos ambientes que usamos para que não fiquem sujos e desorganizados.

Converse com seus colegas:

1. De que tipos de cuidado os ambientes da sua casa e da escola necessitam?

2. Você ajuda a cuidar desses ambientes? Por quê? Conte para a classe.

3. Você ajuda a cuidar de ambientes fora da sua casa e da escola? Como?

UNIDADE 5

Cuidando dos ambientes naturais

Os ambientes naturais também devem ser cuidados. Lá vivem muitos seres vivos que dependem uns dos outros para sobreviver.

Os animais, por exemplo, necessitam das plantas. As plantas, por sua vez, precisam de um solo adequado para fixar suas raízes e obter nutrientes. Precisam também de sol e água para produzir seu alimento.

- Você já viu um ambiente natural malcuidado?

Quando cuidamos dos ambientes naturais, estamos cuidando de milhares de seres vivos que deles dependem. Reserva de Desenvolvimento Sustentável Iratapuru, Amapá, 2017.

Vamos falar sobre...

Efeito dominó

Em grupos de três ou quatro alunos, leiam o texto abaixo. Depois, peguem as peças de dominó que trouxeram de casa e acompanhem as orientações do professor.

> Coloque várias peças de dominó em pé, enfileiradas uma atrás da outra, e dê um peteleco na primeira delas. As peças vão se esbarrando e, uma a uma, caem. Esse movimento, conhecido como "efeito dominó", pode se aplicar a muitas outras situações em que um determinado fato leva a uma série de consequências.
>
> Na natureza, é comum observar isso. Plantas e bichos dependem sempre do ambiente ao seu redor e, se alguma coisa muda, é provável que muitas outras mudanças aconteçam em decorrência da primeira. Por exemplo: ao desmatarmos uma área, prejudicamos a vida de animais que vivem naquele *habitat*. [...]
>
> Fernanda Turino. Efeito dominó. **Ciência Hoje das Crianças**. Disponível em: <http://chc.org.br/efeito-domino/>. Acesso em: 4 maio 2018.

- O que pode acontecer quando uma mata é destruída?

Agora é com você

1 Observe o cartaz criado para combater a venda e compra de animais silvestres.

Isto acontece porque você compra

Denuncie o comércio ilegal de animais silvestres

Linha Verde:
0800 61 8080

Fonte: Instituto Brasileiro do Meio Ambiente (Ibama).

a) O que significa a primeira frase do cartaz?

b) Em sua opinião, por que há pessoas que compram esses animais? Você concorda com esse tipo de atitude? Por quê?

c) Que consequência esse tipo de atitude tem para o ambiente de onde os animais são tirados?

2 Assinale as alternativas que descrevem atitudes de cuidado com os ambientes naturais.

☐ Comprar animais silvestres para tê-los como bichos de estimação e cuidar em casa.

☐ Ao fazer trilhas em ambientes naturais, recolher o próprio lixo e descartá-lo em casa.

☐ Arrancar flores de ambientes naturais para formar um buquê para embelezar a casa.

☐ Não jogar papel de bala e garrafas plásticas nas margens de rios e córregos.

- Agora escolha uma alternativa que você **não** assinalou e a reescreva de modo que demonstre uma atitude de cuidado com o ambiente natural.

_____

_____

_____

3 Encontre no diagrama as palavras que completam corretamente as frases a seguir. Depois, copie cada palavra na lacuna correta.

B	H	V	E	Y	N	K	C	C	U	I	D	A	R
X	X	O	B	J	E	B	U	U	O	U	P	K	F
W	M	G	S	G	M	O	S	R	K	Q	V	O	J
S	I	L	V	E	S	T	R	E	S	Y	N	F	K
X	I	W	M	P	P	E	I	O	O	I	F	L	M
D	E	S	M	A	T	A	M	O	S	T	I	I	A
N	U	O	I	E	I	B	Y	U	O	Z	I	P	N
W	K	L	L	Q	U	H	U	E	A	E	T	A	D
E	L	M	U	E	E	Q	Y	A	M	X	N	I	V
U	K	P	H	E	A	T	S	Q	V	Z	J	T	H
V	L	L	C	E	Q	U	I	L	Í	B	R	I	O
M	F	A	I	V	U	R	O	P	G	G	O	K	A
G	L	W	E	D	T	U	B	R	V	Y	S	U	R

a) Todos nós somos responsáveis por _____ dos ambientes, sejam eles naturais ou não.

b) A ação do ser humano pode mudar os ambientes naturais, que são compostos de muitos seres vivos que vivem em _____.

c) Animais _____ vivem livres na natureza.

d) Quando _____ uma floresta, estamos prejudicando todos os seres que lá vivem.

A água nos ambientes

Observe a charge a seguir e converse com seus colegas:

Arionauro/Acervo do cart

Charge de Arionauro.

1. Os peixes vivem na água. Por que, na charge, eles estão fora dela?

2. O que você imagina que o cano está despejando no rio?

3. Pense em um curso de água que fica perto da sua casa ou escola. Como está a água desse lugar: limpa ou poluída? Conte aos colegas.

A água é muito importante para a vida no planeta. Todos os seres vivos precisam de água para sobreviver.

Os animais aquáticos não sobrevivem fora da água. Os animais terrestres também precisam de água para manter suas atividades corporais.

Podemos encontrar água em todos os ambientes. Ela pode estar presente em rios, lagos, represas, oceanos e geleiras. Mesmo nos ambientes mais secos, como os desertos, é possível encontrar água.

Rio São Francisco, próximo à cidade de Piranhas, Alagoas, 2017.

Oceano Atlântico visto do Cabo da Roca, Sintra, Portugal, 2017.

A água é um bem tão precioso que em 22 de março comemora-se o Dia Mundial da Água. Em muitos países, como o Brasil, dada a importância dos **corpos de água** para a qualidade de vida das pessoas, existem leis que protegem rios, lagos e nascentes de água.

Infelizmente, muitos rios, lagos e mares encontram-se degradados. A **poluição** é uma das principais ameaças. A água pode se tornar poluída pelo lançamento de esgoto. O esgoto prejudica animais e plantas que vivem na água ou dependem dela, além de torná-la imprópria para o consumo humano.

> **Corpo de água:** qualquer grande acumulação de água, como represas, rios, lagos, córregos, mares e oceanos.
> **Poluição:** modificação do ar, da água ou do solo que é desfavorável à vida e prejudica animais, plantas e outros seres vivos.

Para cuidar das águas dos ambientes, todos precisam fazer a sua parte. Proteger e conservar as matas e as florestas permite que as nascentes dos rios continuem jorrando água.

Geleira de Mendenhall, Alasca, Estados Unidos, 2017.

Agora é com você

1 Leia a tirinha da personagem Armandinho e responda às questões.

> FECHAR A TORNEIRA ENQUANTO SE ESCOVA OS DENTES ECONOMIZA MUITA ÁGUA!

> NÃO ESCOVAR OS DENTES ECONOMIZA MAIS AINDA!

> AGORA ONDE FICA A ECONOMIA DOMÉSTICA?..

Armandinho, de Alexandre Beck.

a) Você concorda com a primeira frase de Armandinho?

☐ Sim ☐ Não

b) E com o que Armandinho diz no segundo quadrinho, você concorda?

☐ Sim ☐ Não

c) Como está a expressão de Armandinho no terceiro quadrinho?

☐ Tranquila ☐ Irritada

d) Explique cada uma de suas respostas aos colegas e ouça o que eles responderam.

2 Observe o selo que faz parte de um cartaz da Companhia de Saneamento Básico do Estado de São Paulo (Sabesp), criado para incentivar a economia de água.

a) O que quer dizer a frase: "Eu sou guardião das águas – eu não desperdiço"?

b) O que você faz para não desperdiçar água? Pinte as frases corretas.

| Não tomo banhos demorados. | Fecho a torneira enquanto escovo os dentes. | Uso mangueira para ajudar meu pai a lavar a calçada. |

UNIDADE 5

O lixo nos ambientes

Observe esta imagem.

Município de Alcântara, no estado do Maranhão, 2016.

Converse com seus colegas:

1. O que você vê na imagem?

2. Se você pudesse mudar alguma coisa nessa cena, o que mudaria?

Muitas de nossas atividades produzem resíduos, ou seja, lixo. Quando cozinhamos, por exemplo, tiramos partes de hortaliças e carnes e jogamos no lixo. Quando compramos uma roupa, um brinquedo ou mesmo um lanche ou um suco, geralmente jogamos fora embalagens e sacolas que vêm junto com eles.

Todo o lixo produzido deve ser encaminhado a locais adequados para não poluir o ambiente. Infelizmente, isso nem sempre acontece. Em muitos lugares é possível ver embalagens, garrafas, papéis, latas e outros lixos jogados, como os que vemos na imagem acima.

O lixo acumulado no ambiente aumenta a proliferação de doenças e prejudica alguns animais que podem comer esse lixo por confundirem-no com alimentos.

Garrafas e sacolas plásticas que vão parar nos oceanos são muitas vezes comidas por tartarugas marinhas e outros animais que as confundem com alimentos. Isso pode levar esses animais à morte.

Observe a charge.

Charge de Arionauro.

Converse com seus colegas:

1. Você concorda com o jeito como o lixo é tratado na charge? Por quê?

2. Você acha que tudo o que jogamos fora é realmente lixo?

UNIDADE 5

O lixo no seu devido lugar

Vimos a importância de dar a correta destinação ao lixo para que ele não polua os ambientes. Jogá-lo sempre em lixeiras ou guardá-lo conosco para descartá-lo em casa quando não há lixeira disponível é uma responsabilidade de todos.

Uma das maneiras de contribuir ainda mais para a conservação dos ambientes é reaproveitarmos os materiais que seriam jogados fora por meio da reutilização e da reciclagem. Afinal, nem todo lixo é lixo!

Para a reciclagem acontecer, é necessária a participação de cada um de nós.

Acompanhe:

1. Separar o material que pode ser reciclado.

Elementos não proporcionais entre si

Metal, papel, plástico e vidro podem ser reciclados.

2. Colocar esse material para ser recolhido na coleta de lixo reciclável da rua ou levá-lo para pontos de coleta seletiva do bairro. As lixeiras de coleta seletiva ajudam nessa separação.

A coleta seletiva recolhe apenas material que pode ser reciclado. Lixeiras para coleta seletiva na estação de metrô Santo Amaro, São Paulo, São Paulo, 2015.

3. O material coletado é doado ou vendido para fábricas que o transformam em novos produtos.

Muitas **cooperativas** realizam um trabalho importante com o material reciclável que é recolhido nas cidades. Central de Triagem de Irajá, Rio de Janeiro, Rio de Janeiro, 2014.

Latas de alumínio comprimidas em centro de reciclagem. São Paulo, São Paulo, 2015.

1 Observe a fotografia das lixeiras para coleta seletiva da página anterior. Por que elas são de cores diferentes?

Cooperativa: grupo de pessoas que se organizam para realizar um determinado trabalho ou serviço.

2 Para que a reciclagem do lixo ocorra, ela deve contar com a participação de todos nós. O que você pode fazer para contribuir com a reciclagem do lixo?

Vamos investigar

Dá para reciclar todo o lixo?

Ao observar a lixeira da sala de aula, Leandra teve uma ideia e fez uma proposta aos colegas: "Se reciclar o lixo é uma forma de cuidar do ambiente, por que não reciclamos todo o lixo que produzimos e acabamos com as latas de lixo?".

Levantando hipóteses

- Você acha que a ideia de Leandra é possível?

  ☐ Sim ☐ Não

Para saber se a ideia de Leandra é possível, precisamos descobrir se tudo o que há no lixo pode ser reciclado. Para isso, vamos investigar o lixo que a turma produz!

Material

- canetas hidrográficas amarela, azul, marrom, preta, verde e vermelha
- etiquetas
- prancheta, papel e lápis
- sacos plásticos transparentes

O professor vai separar a turma em dois grupos: um vai fazer as etiquetas que devem ser coladas nos sacos plásticos: METAL (na cor amarela), PAPEL (na cor azul), PLÁSTICO (na cor vermelha) e VIDRO (na cor verde); o outro vai ajudar o professor na separação do lixo, anotando cada tipo de lixo encontrado, de acordo com o material, em uma tabela.

Como fazer

1. Esperem a lixeira da sala de aula ficar cheia.
2. O professor vai estender um plástico no chão e despejar o lixo sobre ele. Usando luvas, ele vai espalhar o lixo.
3. Observem o lixo e indiquem ao professor o que deve ser colocado nos sacos etiquetados: metal, papel, plástico e vidro, anotando cada item na tabela apoiada na prancheta.

Vamos investigar

4. Observem o que sobrou e pensem em uma nova separação: o que for resto de comida (casca ou caroço de fruta, pedaço de pão, etc.), pedaços de plantas ou mesmo papel higiênico e guardanapo de papel usados deve ser colocado em outro saco plástico.

5. O grupo responsável pelas etiquetas deve produzir uma nova: LIXO ORGÂNICO, usando a cor marrom, e etiquetar esse saco. O grupo responsável pelo registro do lixo deve incluir essa coluna na tabela.

6. Antes de o professor colocar o que sobrou no último saco, discutam sobre o que veem. Utilizem a caneta preta para fazer a etiqueta LIXO NÃO RECICLÁVEL e incluam mais uma coluna na tabela.

7. Joguem no cesto da cantina o lixo orgânico. Guardem os outros sacos em um canto da sala de aula.

Conclusão

1 A turma produz maior quantidade de resíduos orgânicos e não recicláveis ou de resíduos que podem ser reciclados?

☐ Resíduos orgânicos e não recicláveis. ☐ Resíduos que podem ser reciclados.

2 Do lixo que pode ser reciclado, qual foi encontrado em maior quantidade?

☐ Plástico ☐ Papel

☐ Metal ☐ Vidro

Pensando sobre os resultados

1 Sua hipótese foi confirmada?

☐ Sim ☐ Não

2 É possível reciclar todo o lixo? Por quê?

3 O que vocês podem fazer com o lixo que pode ser reciclado?

Autoavaliação

Agora é hora de pensar sobre o que você experimentou e aprendeu. Marque um **X** na opção que melhor representa seu desempenho.

	😉	🤔	😕
1. Reconheço a importância de cuidar dos ambientes.			
2. Reconheço a importância da água nos ambientes.			
3. Identifico ações que contribuem para a preservação da água nos ambientes.			
4. Identifico ações que contribuem para o tratamento do lixo.			

Sugestões

📖 Para ler

- **Caça ao tesouro: uma viagem ecológica**, de Liliana Iacocca e Michele Iacocca. Editora Ática. (Coleção Pé no chão).

  Alexandre e seus amigos atravessam florestas, pântanos, rios e oceanos em busca de um tesouro.

- **Na praia e no luar, tartaruga quer o mar**, de Ana Maria Machado. Editora Ática. (Coleção Sinal Verde).

  Esta obra conta a história de Pedro e Luísa: para proteger as tartarugas marinhas eles enfrentam pescadores, que vivem de vender esses animais.

- **O menino que quase morreu afogado no lixo**, de Ruth Rocha. Editora Salamandra.

  Waldisney era um menino que não gostava de arrumação, tinha preguiça de jogar o lixo no lixo. Até que um dia as coisas saíram do controle e o lixo tomou conta de tudo!

- **"Por que economizar água?" Aprendendo sobre o uso racional da água**, de Jen Green. Editora Scipione. (Coleção Valores).

  Este livro ensina a importância de usar a água com inteligência.

🔊 Para ouvir

- **Planeta água**, de Gallo. São Paulo: Azul Music, 2003.

  Você pode ouvir sons aquáticos do planeta nesse CD.

UNIDADE

6
Do que os objetos são feitos?

Nesta unidade você vai:

- Reconhecer a utilidade dos objetos.
- Identificar de que materiais são feitos os objetos presentes no dia a dia.
- Compreender com quais materiais alguns objetos eram produzidos no passado.

💬 Observe a imagem e converse com seus colegas:

1. Quais objetos você reconhece na imagem?
2. Para que servem esses objetos?
3. Do que eles são feitos?

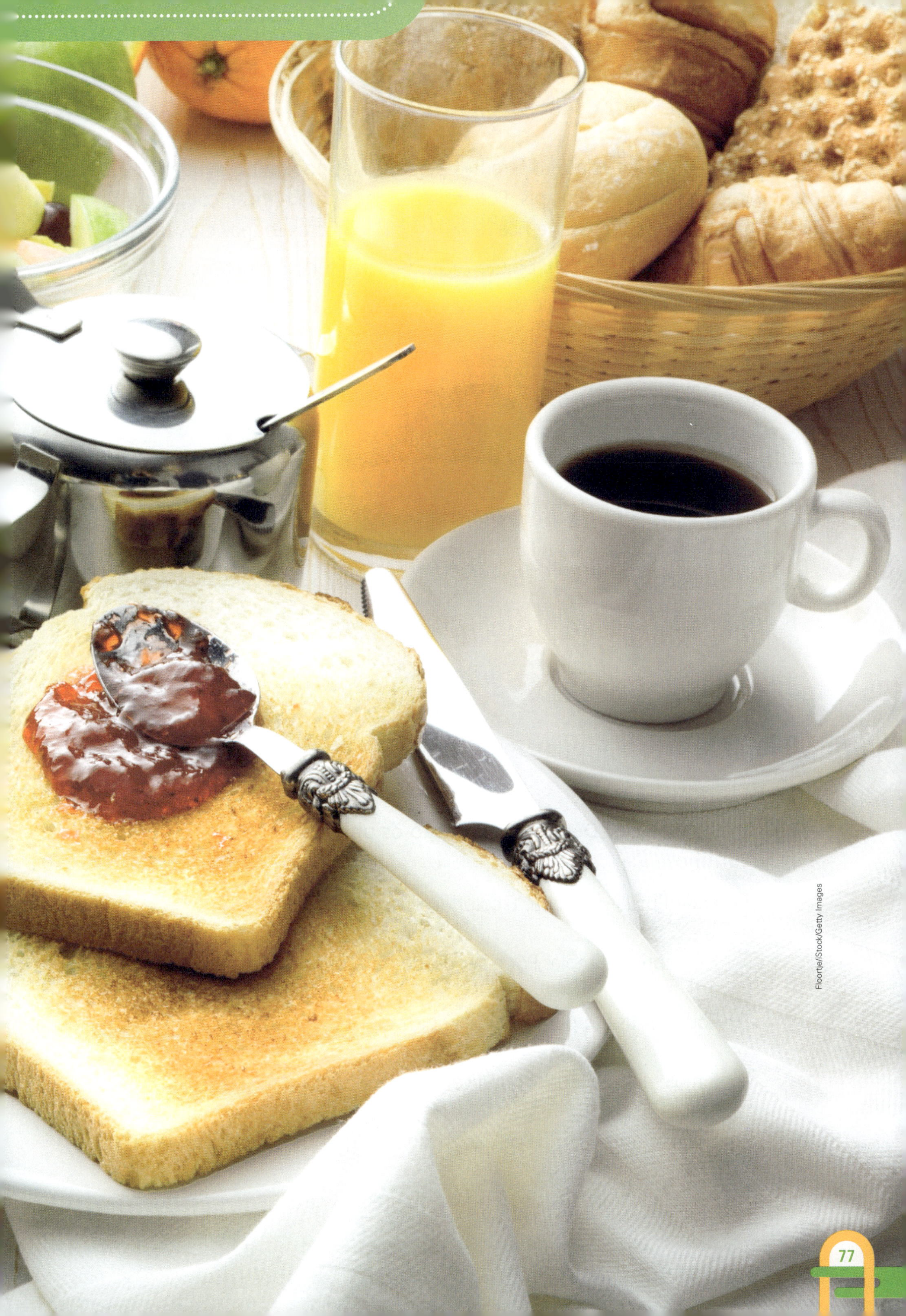

Floortje/iStock/Getty Images

Como são os objetos?

Olhe à sua volta e veja os diferentes objetos. Eles podem nos ajudar a desenhar, como é o caso do lápis. Podem ser usados para brincar, como a bola. Também podem nos proteger e nos dar conforto, como as roupas e os tênis.

Você pode reconhecer um objeto tocando, cheirando e olhando.

Vamos brincar de "O que é, o que é?" com os objetos apresentados nas imagens a seguir?

1 • Elementos não proporcionais entre si

Bexiga.

2 Esponja de cozinha.

3 Corda.

4 Balde.

5 Bola.

6 Copo.

- O que é, o que é? Descubra quais são os objetos e escreva os números nos quadrinhos.

☐ Pode flutuar na água. É colorido, liso e redondo.

☐ É comprido e mole. Pode ser usado para brincar de pular.

☐ Pode ser usado para colocar bebidas. É transparente e duro.

☐ É mole, liso e verde. Pode ficar cheio de ar.

☐ É vermelho e feito de plástico. Pode ser usado para colocar água.

☐ Pode ficar encharcado. É verde, amarelo e macio.

UNIDADE 6

Agora é com você

• Elementos não proporcionais entre si

1 Complete o nome do objeto de cada imagem. Depois, desenhe outro objeto que tenha a mesma característica descrita e escreva o nome abaixo dele.

a) Pesado

M_____S_____.

b) Leve

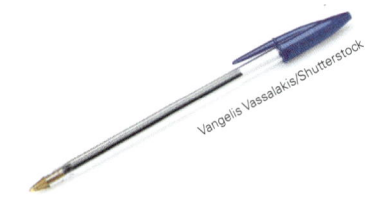

_____AN_____TA.

c) Transparente

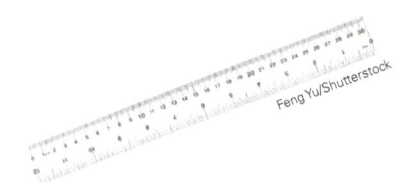

RÉ_____U_____.

d) Colorido

QU_____DRO.

Agora é com você

e) Macio

......TRAVESSEI....O.

f) Duro

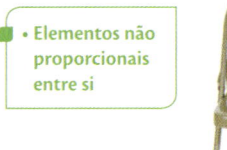

- Elementos não proporcionais entre si

C....DEI........ .

2 Observe a imagem e converse com seus colegas: O que você faria para facilitar o trabalho das pessoas da imagem? Por quê?

- Faça um desenho mostrando a solução que você pensou para esse problema.

UNIDADE 6

Por que os objetos são úteis?

Você já pensou como seria difícil beber e comer usando apenas as mãos? E como você faria para andar descalço sobre o chão quente ou com pedras?

Para realizar essas atividades, usamos objetos, como os copos e os talhares, que nos auxiliam durante uma refeição, e os calçados, que protegem nossos pés.

Olhe ao seu redor: Que objetos ajudam você a realizar alguma atividade? Você sabe dizer do que esses objetos são feitos?

Usamos muitos objetos que nos auxiliam em nosso dia a dia. Eles podem ser feitos de diferentes materiais. Veja alguns:

- Elementos não proporcionais entre si

Converse com seus colegas:

1. Quais são as utilidades dos objetos representados nas imagens?

2. De quais materiais eles são feitos?

Agora é com você

1 Leia a história em quadrinhos.

Banco de imagens MSP.

a) Mônica fez um pedido no poço dos desejos usando uma moeda, mas o poço pediu um cartão de banco. A moeda é feita de:

☐ metal ☐ papelão ☐ plástico

b) O cartão de banco é feito de:

☐ metal ☐ papelão ☐ plástico

UNIDADE 6

Transformações dos materiais

Há materiais que podem ser retirados da natureza e utilizados diretamente, sem passar por transformações que alterem suas propriedades.

Cortamos a árvore e usamos o tronco para fazer tábuas. Com as tábuas, podemos fabricar móveis.

Outros materiais precisam sofrer transformações antes de serem utilizados, como é o caso do petróleo.

Com o petróleo, fabricamos vários produtos, como combustíveis, plásticos e tintas.

• Elementos não proporcionais entre si

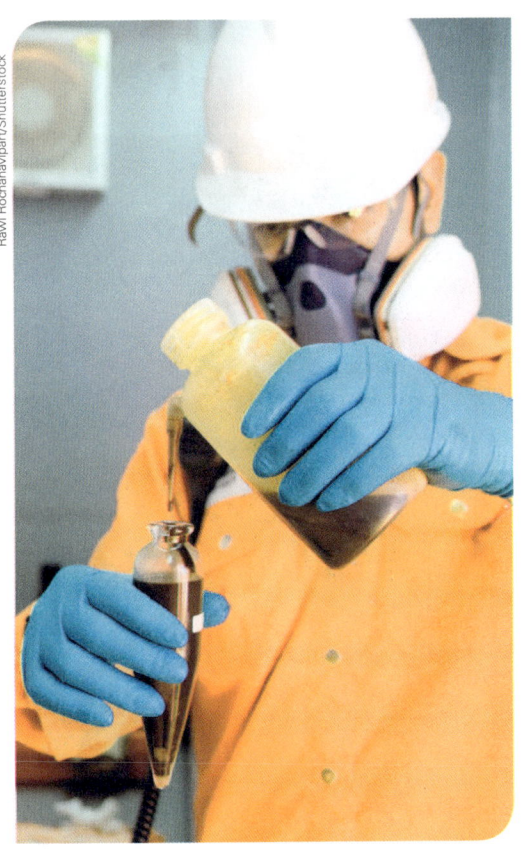

O plástico é obtido a partir de uma série de transformações do petróleo.

O petróleo é um material que passa por muitas transformações para ser utilizado.

Vamos falar sobre...

Instrumentos musicais indígenas

A música é uma das principais atividades culturais dos povos indígenas. Para fabricar instrumentos de percussão e sopro, os indígenas usam grande variedade de materiais, como sementes, madeiras, fibras, pedras, objetos cerâmicos, ovos, ossos, chifres e cascos de animais. O nome dos instrumentos pode variar de acordo com a etnia.

Fonte: <http://couroemadeira.no.comunidades.net/>. Acesso em: 2 abr. 2018.

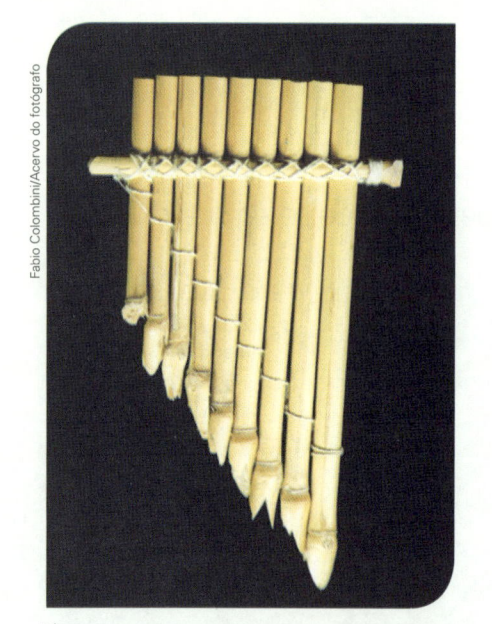

• Elementos não proporcionais entre si

Flauta: instrumento de sopro que pode ser fabricado com bambu. O som muda de acordo com o tamanho do tubo de bambu no qual o ar é soprado.

Flauta.

Chocalho: instrumento que pode ser amarrado ao corpo, em cintos ou tornozeleiras, ou manipulado diretamente. É geralmente feito de **cabaças** e pode ser preenchido com caroços de frutos, unhas ou dentes de animais.

Cabaça: tipo de fruto esvaziado, que serve como recipiente.

Chocalhos.

Apito: instrumento que pode ser feito de casca de coco, folha de palmeira, chifre, concha, casca de caracol, madeira, etc. É usado também para a caça, pois o som de alguns apitos imita o canto de pássaros, o que atrai certas aves.

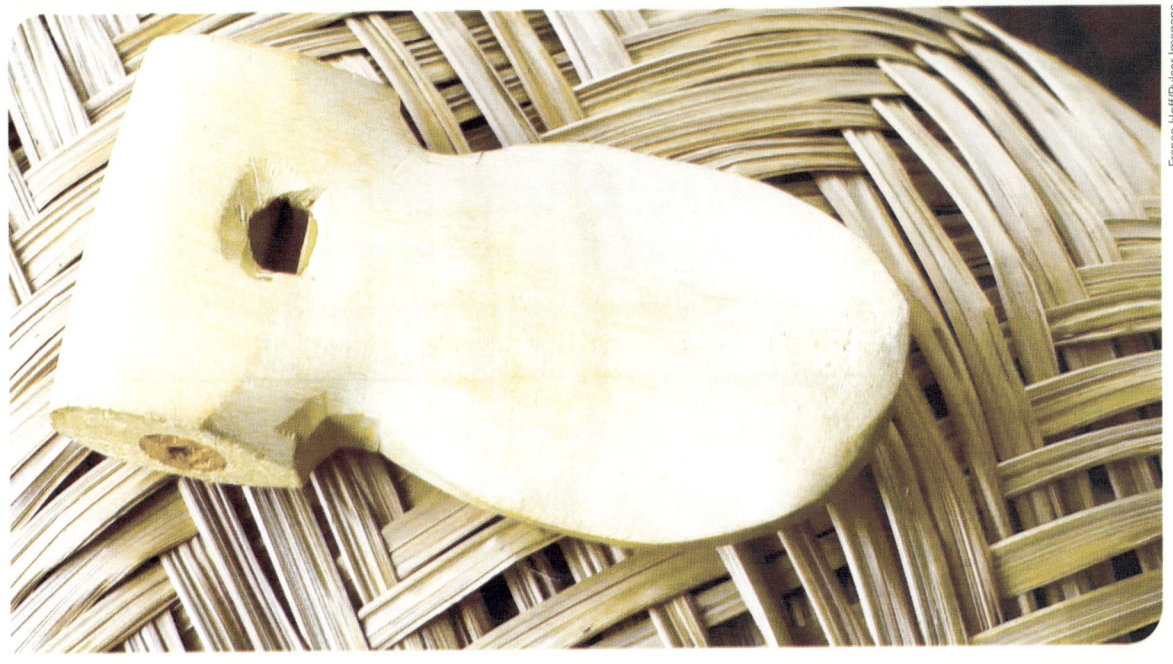

Apito.

1. Cite três materiais que os indígenas utilizam para fabricar os instrumentos musicais.

2. De onde os indígenas obtêm materiais para fabricar os instrumentos musicais? Esses materiais passam por transformações?

3. Você conhece algum instrumento musical indígena? Qual?

Agora é com você

1 A madeira das árvores é utilizada na fabricação do papel.

a) Que prejuízo causamos para a natureza quando jogamos no lixo folhas de papel que ainda poderiam ser usadas?

_____

_____

b) Como você pode ajudar a diminuir o desperdício de papel? Responda por meio de um desenho e inclua uma legenda explicativa.

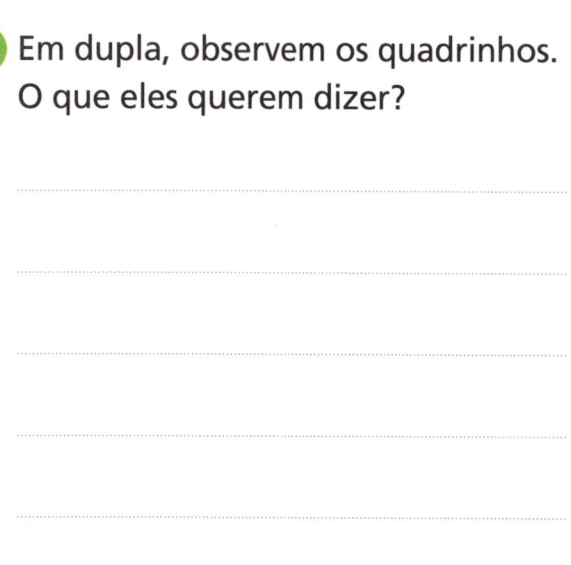

_____

_____

2 Em dupla, observem os quadrinhos. O que eles querem dizer?

1950 — NOSSA! PLÁSTICO DURA PARA SEMPRE!
HOJE — CREDO! PLÁSTICO DURA PARA SEMPRE!

_____

_____

_____

_____

UNIDADE 6

Vamos investigar

Materiais de ontem e de hoje

Esta é uma investigação para ser feita em casa.

- Elementos não proporcionais entre si

Com a ajuda de um adulto da sua família ou de um responsável, você deverá entrar em contato com uma pessoa com mais de 60 anos para realizar uma entrevista sobre os materiais e objetos de antigamente.

Antigamente os canos de água eram de ferro e hoje são de plástico.

Faça as perguntas indicadas abaixo e anote as respostas.

Nome da pessoa entrevistada: ....

Idade da pessoa: ....

Perguntas da entrevista

1. Dos materiais que existem atualmente, há algum que não existia quando você era criança?

Vamos investigar

2. Cite objetos que não existiam quando você era criança e que existem atualmente.

3. Quando você era criança, havia muitos objetos descartáveis como atualmente?

Refletindo sobre as respostas

1 Existem atualmente objetos e materiais que não existiam no passado?

2 Quais são as vantagens de termos acesso a materiais e objetos que antes não existiam? E quais são as desvantagens?

UNIDADE 6

Autoavaliação

Agora é hora de pensar sobre o que você experimentou e aprendeu. Marque um **X** na opção que melhor representa seu desempenho.

	😄	🤔	🙁
1. Reconheço a utilidade dos objetos.			
2. Identifico de que materiais são feitos objetos presentes no dia a dia.			
3. Compreendo com quais materiais alguns objetos eram produzidos no passado.			

Sugestões

Para ler

- **A operação do Tio Onofre: uma história policial**, de Tatiana Belinky. Editora Ática.

  Talita dava nomes a todos os objetos da casa: a mesa era Dona Teresa, o armário era Doutor Mário e assim por diante. Essa mania da menina ajudou a família a se livrar de uma encrenca.

Para acessar

- www.tudointeressante.com.br/2014/02/21-coisas-que-voce-vai-amar-descobrir-como-sao-feitas.html

  Vídeos rápidos e divertidos mostrando como 21 coisas são feitas.

- http://brinquedoscomsucata.blogspot.com.br/2009/04/confeccao-de-instrumento-musical-o.html

- www.artesanatoereciclagem.com.br/547-instrumentos-musicais-de-material-reciclado.html

  Acesso em: 3 maio 2018.

UNIDADE

7

Como usamos os objetos

Nesta unidade você vai:

- Entender o uso de materiais de acordo com suas características.
- Identificar o que pode ser feito para reduzir e reutilizar o lixo.
- Reconhecer ações para evitar acidentes domésticos.

💬 Observe a imagem e converse com seus colegas:

1. Você já brincou com barquinho de papel e o colocou na água? Conte como foi.

2. Você acha que o barco branco da imagem é feito somente de papel?

3. Na imagem há dois barcos. Na sua opinião, qual é o mais durável? Por quê?

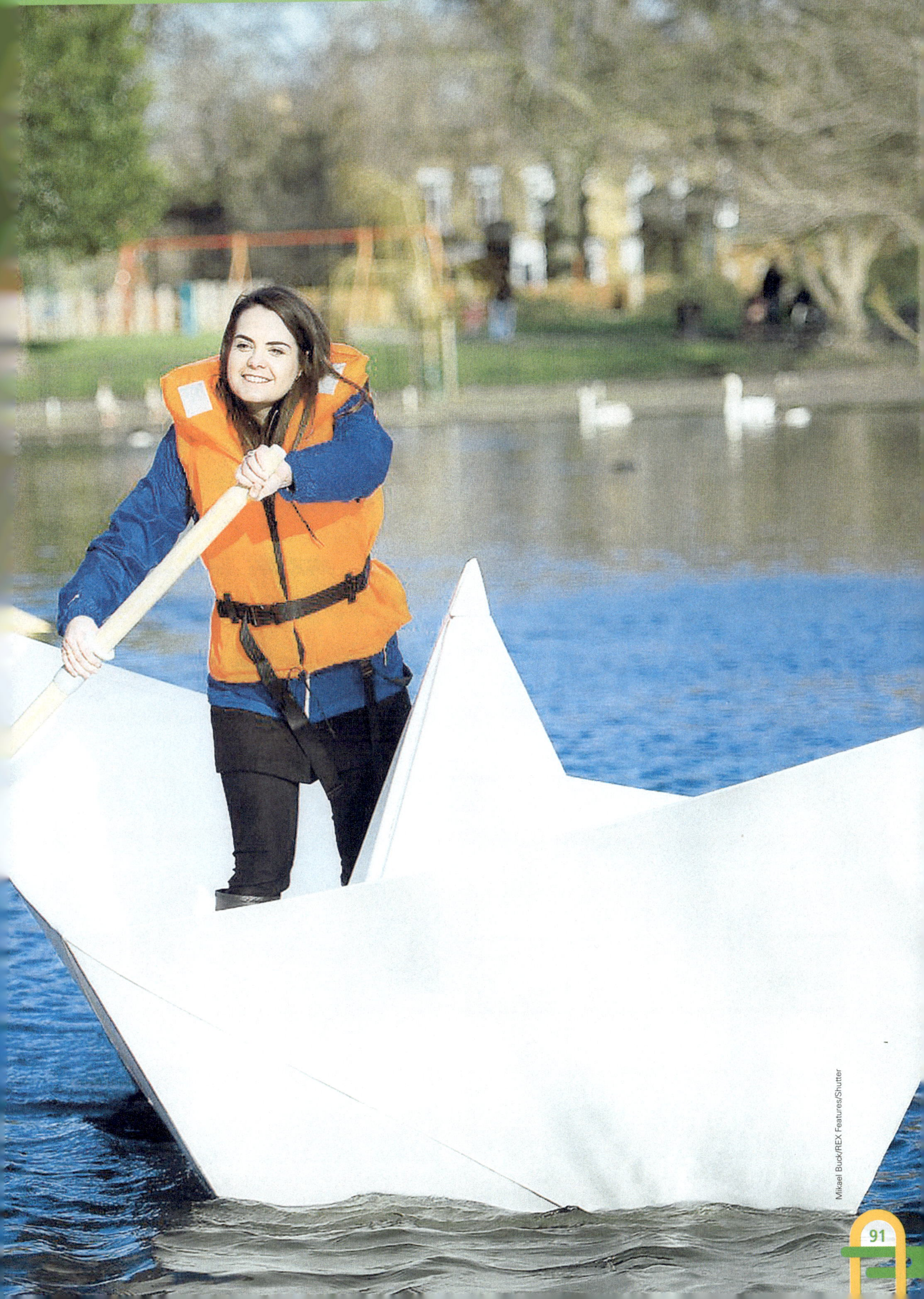
Mikael Buck/REX Features/Shutter

Os materiais e suas características

Os materiais têm diferentes características. Eles podem ser, por exemplo, resistentes ou frágeis, transparentes ou opacos, flexíveis ou duros, lisos ou ásperos.

Observe as imagens a seguir.

O ferro é um material difícil de entortar: ele é muito resistente.

A massa de modelar é um material moldável porque podemos dar a ela várias formas.

O vidro é um material transparente, por isso a luz passa por ele.

O plástico é um material impermeável, por isso a água não atravessa as garrafas.

Vamos investigar

Características dos materiais

Vamos comparar diferentes materiais de objetos comuns do dia a dia?

1 Sem tocar os objetos que o professor vai colocar sobre a mesa, responda: É possível dizer se são duros ou macios?

☐ Sim ☐ Não ☐ Em alguns casos

Coleta de dados

- Anote, no seu caderno, para os objetos que você conhece, sua opinião sobre serem duros ou macios.

Toque os objetos, observe suas características e preencha o quadro.

Objeto	Material	Cor	Rigidez	Brilho

Conclusão

1 Seus palpites estavam corretos?

2 Os materiais que compõem os objetos têm características diferentes?

Pensando sobre os resultados

1 Assinale os objetos que seriam úteis.

☐ Colher de papelão
☐ Bota de vidro
☐ Escova de dentes de pano
☐ Lençol de plástico
☐ Cortina de metal
☐ Caneca de borracha

Os objetos e seus materiais

Você já sabe que os objetos podem ser feitos de diferentes materiais. Mas por que são feitos de um material e não de outro? Por que um barco não é feito de papel, e sim de madeira e de metal?

O uso que fazemos de cada material está relacionado às suas características.

Por exemplo, uma janela é feita de vidro, pois ele é um material transparente que permite a passagem da luz do Sol para dentro dos ambientes. Se, em vez de vidro, o material usado fosse madeira, os ambientes seriam úmidos e escuros mesmo durante o dia, já que a madeira é opaca e não permite a passagem da luz do Sol.

O mesmo ocorre com as grades e os portões, que geralmente são feitos de metal, um material resistente. Imagine como seriam as grades e os portões se fossem feitos de um material frágil, como o papel!

O cimento, ao ser misturado com água, forma uma pasta que endurece com o passar do tempo. Por isso, o cimento é um material usado para fixar tijolos.

- Você já brincou com areia? Já misturou areia com água? Essa mistura pode ser usada para fixar tijolos? Por quê?

Agora é com você

1 Nos dias de chuva, é comum usarmos botas, guarda-chuva e capa.

a) As botas, o guarda-chuva e a capa podem ser feitos de algodão?

☐ Sim ☐ Não

b) Por quê?

_____

_____

c) Observe a imagem abaixo. As botas, o guarda-chuva e a capa são feitos de que material?

Crianças se protegendo da chuva.

_____

_____

2 Nem todas as botas são feitas apenas para proteger nossos pés da chuva. Elas também são úteis nos dias frios.

a) Que material de origem animal pode ser usado para fazer botas como as da imagem abaixo?

As botas protegem os pés e parte das pernas.

Agora é com você

3 Muitas janelas são feitas de vidro com partes de metal ou madeira.

a) Que material permite que a luz do Sol entre no ambiente?

☐ Vidro ☐ Metal ☐ Madeira

b) As características do vidro permitem que ele seja utilizado para fabricar jarras, copos, garrafas e janelas. Assinale com um **X** as características do vidro.

☐ Permeável ☐ Impermeável ☐ Transparente

☐ Opaco ☐ Macio ☐ Duro

4 Leia a adivinha.

> O que é, o que é:
> Escreve mas não sabe ler, faz carta, conta e lição.
> É magro feito um palito, vive abraçado com a mão?
>
> Ricardo Azevedo. **Meu material escolar**. São Paulo: Quinteto Editorial, 2000.

a) Qual é o objeto descrito no texto? Do que ele é feito?

b) Observe a imagem ao lado. Que material é mais duro: a lâmina do apontador ou o lápis? Explique.

_____
_____
_____
_____

5 Os quadrinhos abaixo apresentam palavras com características dos materiais. Escolha e pinte dois deles. Depois, desenhe no quadro abaixo um objeto que combine com as características escolhidas.

Frágil	Macio	Durável
Flexível	Transparente	Impermeável

Utilizamos os objetos, e depois?

Para fazer objetos, retiramos materiais da natureza. E, depois de usados, jogamos muitos deles no lixo.

Como podemos diminuir a quantidade de lixo que produzimos?

Lixo é relativo

O mundo é grande
É tanta gente
Com tanto gosto
Tão diferente!
Algo que não
Quero mais ter
Outra pessoa
Pode querer
Pode ser uma roupa
Ou um brinquedo
Se não quiser
Só por capricho…
Dou para alguém
É um prazer!
Em vez de apenas
Jogar no lixo
Se algo é útil
No polo norte
Pode ser lixo
Em um deserto
O lixo, às vezes,
É algo sem sorte
Que não achou
O dono certo!

Nílson José Machado e Silmara Racalha Casadei.
Seis razões para diminuir o lixo no mundo. São Paulo: Escrituras, 2007.

- O poema fala de uma forma de reduzir o lixo. Que forma é essa? Você já praticou essa forma?

UNIDADE 7

A retirada de materiais da natureza pode prejudicar o ambiente. Por exemplo, a derrubada de árvores para obter madeira destrói as florestas e o ambiente em que muitos animais vivem. Por isso, utilizar os objetos de forma consciente e reduzir o lixo é importante.

Veja nas imagens a seguir outras formas de reduzir a quantidade de lixo.

Comprar e consumir apenas o que realmente precisamos.

Ter cuidado com a forma como descartamos o lixo.

Reaproveitar os materiais.

Converse com seus colegas:

1 Tudo o que você joga no lixo é realmente lixo?

2 Quando reciclamos objetos, estamos ajudando a diminuir a quantidade de material que é retirado da natureza e o lixo que produzimos? Por quê?

3 Observe o símbolo ao lado.

a) Você já viu este símbolo? Em que lugares ou situações?

b) Na sua opinião, o que este símbolo quer dizer?

Objetos de metal, vidro, papel e plástico podem ser reciclados, possibilitando nova utilização dos materiais pela indústria. Para que sejam reciclados, devem ser descartados separadamente.

Lixeiras de coleta seletiva. Rio de Janeiro, Rio de Janeiro, 2016.

Vamos falar sobre...

Um plástico feito de mandioca

[...]

Uma embalagem feita de plástico comum demora cerca de um século para se decompor. Já a que é feita à base de mandioca e açúcares leva apenas alguns meses, reduzindo o **impacto ambiental** causado pelas embalagens atuais.

O plástico de mandioca tem ainda outros encantos. De acordo com os ingredientes adicionados em sua receita, ele pode adquirir propriedades que ajudam na conservação dos alimentos ou mesmo mostrar quando eles estão estragados. [...]

Cathia Abreu. Plásticos do futuro.
Ciência Hoje das Crianças.
Disponível em: <http://chc.cienciahoje.uol.com.br/plasticos-do-futuro/>.
Acesso em: 4 maio 2018.

Impacto ambiental: efeito muito forte, geralmente negativo, causado ao meio ambiente.

1. Os diferentes tipos de plástico, em geral, são feitos a partir do petróleo. Qual é o material utilizado para fabricar o plástico citado no texto?

2. O plástico comum demora cerca de cem anos para se decompor. Por que o plástico citado na notícia pode ser uma boa solução para o problema do acúmulo de lixo no nosso planeta?

Proteja-se: você pode prevenir acidentes!

Muitos objetos, produtos e equipamentos que estão dentro da nossa casa podem provocar acidentes. Com atitudes simples de prevenção é possível que você se proteja e ajude outras pessoas ao seu redor.

Para se prevenir, veja o que você pode fazer.

- Fique sempre longe de fogão, forno, botijão de gás e fósforos.
- Não mexa em tesouras e objetos cortantes.
- Não manuseie inseticidas e produtos de limpeza.
- Não corra em piso molhado, pois poderá sofrer uma queda.
- Não mexa em medicamentos.
- Não manuseie tomadas e fios para evitar choques elétricos.
- Fique longe do ferro elétrico, mesmo se você souber se ele está quente ou não.
- Use perfumes, desodorantes e outros cosméticos somente na presença de um adulto.

Ilustrações: Waldomiro Neto/Arquivo da editora

Em qualquer tipo de acidente é importante que você peça a ajuda de um adulto. O serviço de emergência pode ser acionado pelo telefone 192 (ambulância) ou 193 (Corpo de Bombeiros).

- Devemos nos proteger contra os acidentes domésticos. Mas apenas em nossa casa podem ocorrer acidentes? Onde mais devemos estar atentos para nos proteger?

Agora é com você

1 Você já pensou na quantidade de resíduos que você e sua família geram em uma semana? O que você pode fazer para produzir menos lixo? Assinale com um **X** as afirmações que apresentam medidas adequadas para diminuir a produção de lixo doméstico.

☐ Reutilizar materiais usados que seriam jogados no lixo.

☐ Dar preferência para o uso de sacos plásticos e embalagens não recicláveis.

☐ Separar os materiais descartados por meio de coleta seletiva, primeiro passo da reciclagem.

☐ Comprar objetos novos mesmo que os antigos estejam em boas condições.

2 Escreva uma legenda para cada ilustração, alertando as crianças sobre o perigo.

UNIDADE 7

Autoavaliação

Agora é hora de pensar sobre o que você experimentou e aprendeu. Marque um **X** na opção que melhor representa seu desempenho.

	😄	🤔	😕
1. Entendo que o uso de materiais ocorre de acordo com suas características.			
2. Identifico o que pode ser feito para reduzir e reutilizar o lixo.			
3. Reconheço ações para evitar acidentes domésticos.			

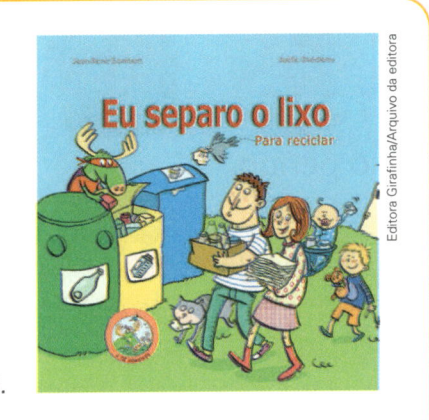

Sugestões

Para ler

- **Eu separo o lixo – para reciclar**, de Jean-René Gombert. Editora Girafinha.

  Como podemos ter uma ação mais consciente para preservar as reservas naturais e o meio ambiente? O que o lixo tem a ver com isso tudo? Nesse livro você vai encontrar as respostas para essas e outras perguntas.

- **Seis razões para diminuir o lixo no mundo**, de Nílson José Machado e Silmara Racalha Casadei. Editora Escrituras.

  Com poemas e textos muito interessantes, você vai descobrir maneiras de ajudar a diminuir o lixo no mundo.

Para acessar

- http://criancasegura.org.br/

  Tem a missão de promover a prevenção de acidentes em geral.

- www.blogdacrianca.com/dicas-de-prevencao-de-atropelamento/

  Orientações para a prevenção de atropelamentos.

Acessos em: 4 maio 2018.

Conectando saberes

Podemos diminuir o lixo no ambiente?

Você sabe o que é decomposição? É o processo pelo qual os materiais são transformados em partes menores, até que sua forma original não possa mais ser reconhecida e desapareça no ambiente.

Os materiais orgânicos, ou seja, aqueles produzidos ou derivados de seres vivos, se decompõem mais rápido que os produzidos pelo ser humano. Quando decompostos, os materiais orgânicos são transformados em nutrientes, que são devolvidos à natureza. Observe, por exemplo, o processo de decomposição de uma maçã:

Uma maçã leva em média de 6 a 12 meses para se decompor.

Fonte: Eco-Unifesp. Disponível em: <https://dgi.unifesp.br/ecounifesp/>. Acesso em: 4 jun. 2018.

A maioria dos materiais produzidos pelo ser humano, como o vidro e o plástico, podem levar muito mais tempo para serem transformados. Esses materiais se acumulam e causam a poluição do solo e da água.

Consumo consciente

Como os materiais podem demorar muito tempo para se decompor, a quantidade de resíduos que se acumula no ambiente é imensa. Por isso, é importante consumir somente o que é necessário e escolher produtos que possam ser reciclados ou reutilizados.

O tempo que um material demora para se transformar depende das condições do ambiente em que ele está. Veja a seguir o tempo de decomposição de alguns materiais no **solo** e no **mar**.

Tempo de decomposição dos materiais
Cada bolinha representa um ano. Quanto mais bolinhas, mais tempo é necessário para que o material se transforme e desapareça no ambiente.

● No solo   ● No mar

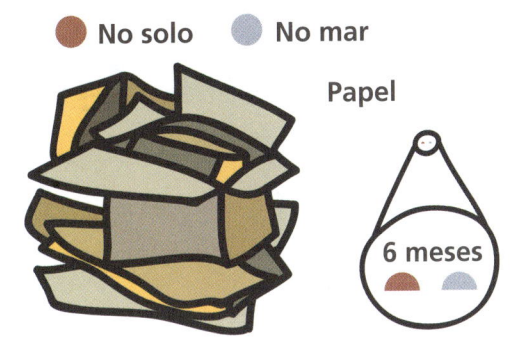

Papel

6 meses

O papel se decompõe mais rápido que outros materiais: seis meses (meia bolinha), tanto no solo quanto no mar.

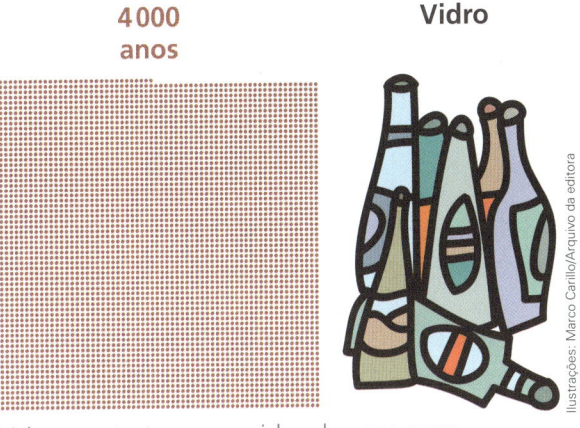

Vidro

4 000 anos

Veja quanto tempo o vidro demora para desaparecer no solo! 4 mil bolinhas, ou seja, 4 mil anos.

Alumínio

500 anos   200 anos

Plástico

Sacolas e garrafas de plástico levam muito tempo para desaparecer: cerca de 400 anos no solo e 450 no mar.

400 anos   450 anos

Fontes: Aquário de Ubatuba. Disponível em: <aquariodeubatuba.com.br>; Universidade Federal de São Paulo. Disponível em: <dgi.unifesp.br>. Acesso em: fev. 2018.

1 Os materiais orgânicos se decompõem mais rápido que os produzidos pelo ser humano? Explique.

2 Para embalar as compras no supermercado você utilizaria qual tipo de sacola? Assinale a opção escolhida.

☐ Sacolas de plástico.   ☐ Sacolas de tecido.

• Por que essa escolha é a melhor?

105

UNIDADE

8

De onde vem a sombra?

Nesta unidade você vai:

- Reconhecer que o Sol parece se mover no céu ao longo do dia.
- Compreender o que é sombra e como ela é formada.
- Reconhecer que as sombras variam de comprimento ao longo do dia por causa do movimento aparente do Sol.

💬 Observe a imagem e converse com seus colegas:

1. Um dos objetos que aparecem na imagem é o guarda-sol. Para que ele serve?

2. Por que a mulher escolheu a cadeira em que está sentada, e não a outra?

3. Que diferenças devem existir entre a área onde a mulher está sentada e o seu entorno?

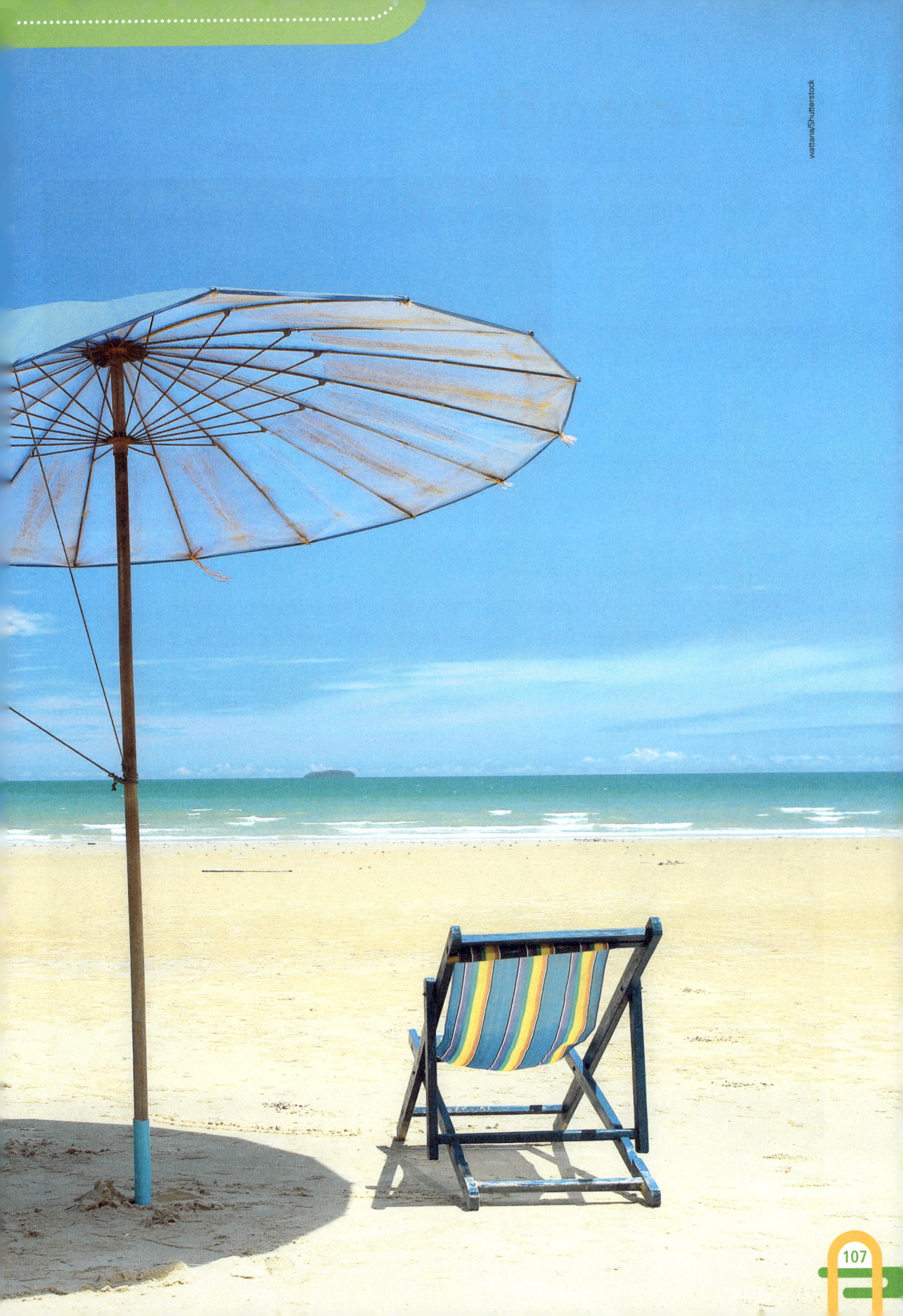

wattana/Shutterstock

Luz e sombra

Depois que o sol se põe, a noite chega e não temos luz solar. Tudo fica escuro e precisamos de **luz artificial** para enxergar o que existe ao nosso redor.

> **Luz artificial:** luz produzida pelo ser humano, como a luz de lanternas, lâmpadas e faróis.

Para enxergar bem o que há em um ambiente, precisamos de luz.

Porém, durante o dia, quando estamos em um local aberto, em um dia bem ensolarado, podemos ver os animais, as plantas, os objetos e tudo o que há à nossa volta.

Também é possível observar algumas regiões mais escuras, onde a luz do Sol não chega diretamente. Essas regiões são as **sombras**.

As árvores bloqueiam a passagem da luz solar: onde a luz não chega diretamente, forma-se uma região escura chamada sombra. Parque Ibirapuera, São Paulo, São Paulo, 2014.

UNIDADE 8

Do mesmo modo que a chuva não consegue atravessar o guarda-chuva...

... a luz do Sol não consegue atravessar o corpo do menino. Com isso, uma parte do chão fica escura, formando uma sombra.

O formato da sombra pode nos dar pistas sobre o formato do objeto. Por exemplo, podemos dizer, observando a sombra mostrada na imagem ao lado, que se trata de alguém em uma bicicleta.

Mas será que é sempre assim? Será que pela forma da sombra podemos sempre dizer qual é o objeto que a produz?

Na ilustração à direita, por exemplo, a sombra se parece com um gato. Mas na realidade ela está sendo produzida pelo braço e pelas mãos de uma pessoa.

- Você já brincou de fazer sombras de animais com as mãos? Converse com seus colegas e com o professor para que todos possam compartilhar o que sabem.

Agora é com você

1 Qual é a sombra de cada criança? Escreva o número correspondente.

1

2

3

4

5

6

2 A sombra da menina abaixo tem sete erros. Encontre-os.

UNIDADE 8

Vamos investigar

Teatro de sombras

O teatro de sombras é uma arte milenar de origem chinesa, em que histórias são contadas usando sombras de bonecos e de objetos.

Podemos fazer um teatro de sombras utilizando cartolina e papelão.

Que tal criar o seu próprio teatro de sombras?

Material

- folhas de cartolina ou papelão
- caixa de papelão
- folhas de papel vegetal ou papel de seda
- tesoura com pontas arredondadas
- fita-crepe
- palitos de madeira
- lanterna ou abajur

Como fazer

1. O professor vai formar grupos de três alunos.
2. Cada grupo deve escolher uma história curta para representar.
3. Desenhem na cartolina ou no papelão os personagens do espetáculo.

Vamos investigar

4. Com a supervisão do professor, recortem os personagens e, depois, colem todos com fita-crepe nos palitos de madeira.

5. Para a confecção do cenário, recortem o fundo da caixa de papelão, de modo que ela fique vazada.

6. Com a fita-crepe, prendam o papel vegetal ou papel de seda em uma das aberturas da caixa.

7. Posicionem a fonte de luz atrás da caixa para que a luz se projete no papel vegetal ou papel de seda. Manuseiem os bonecos ajustando a melhor distância para que suas sombras se projetem com nitidez no papel.

8. Combinem entre vocês quem vai manusear qual personagem e quem será o narrador da história. O espetáculo pode começar!

Conclusão

Conversem com os colegas dos outros grupos sobre a experiência de criar um teatro de sombras.

1. O que foi mais divertido? Por quê?

2. O que foi mais difícil? Por quê?

UNIDADE 8

Vamos falar sobre...

Silhuetas de animais

Inspirado pela beleza natural do continente africano, o fotógrafo Brendon Cremer decidiu registrar **silhuetas** de diversos animais em alguns países da África. Para isso, durante cinco anos, ele acordou bem cedo, antes mesmo do nascer do Sol, para se preparar para registrar os animais assim que surgiam os primeiros raios solares. Apesar de o processo ter sido trabalhoso, o resultado foi admirável: belas silhuetas com o céu africano ao fundo.

Silhueta: desenho formado pelo contorno da sombra de uma pessoa, um animal, uma planta ou um objeto.

Águia-pescadora-africana fotografada por Brendon Cremer no Parque Nacional de Chobe, Botsuana, 2016. Essa ave mede cerca de 70 cm.

- Por que o fotógrafo precisava tirar as fotos quando surgiam os primeiros raios de sol? Ele não poderia tirá-las ao meio-dia? E à noite, antes de amanhecer?

Tamanho da sombra

Rita foi ao mercado com seu pai.

Na frente do mercado, havia uma calçada quadriculada. Olhando para o chão, Rita percebeu que sua sombra alcançava um quadrado da calçada.

Rita e o seu pai entraram no mercado e fizeram compras. Na saída, Rita observou que sua sombra agora alcançava somente metade de um quadrado. Será que sua sombra havia encolhido? O que aconteceu?

Rita então pensou:

— A formação da minha sombra depende da luz do Sol. Então, talvez o movimento do Sol no céu, durante o dia, mude a posição e o tamanho da minha sombra!

Foi assim que Rita corretamente percebeu que o movimento do Sol também altera o tamanho e a posição das sombras.

Se observarmos uma vareta fincada no chão, poderemos verificar que a sombra varia de tamanho e de posição ao longo do dia.

- Observe novamente a fotografia que está na abertura da unidade. Ela combina com o que Rita pensou sobre a formação da sombra? Explique.

Vamos investigar

Qual é o comprimento da sombra?

Quanto tempo demora para observarmos uma mudança no tamanho e na posição da sombra? Vamos descobrir!

Material

- uma trena para medir o comprimento
- um relógio, um cronômetro ou um celular para marcar o tempo
- uma estaca ou outro objeto reto que produza sombra
- algumas pedras pequenas

Como fazer

1. O professor vai posicionar a estaca no solo.
2. Coloque uma pedra na ponta da sombra da estaca.
3. Meça o comprimento da sombra. Anote a medida e o horário na tabela da página seguinte.
4. A cada 30 minutos, coloque uma nova pedra sobre a ponta da sombra e meça novamente o comprimento da sombra. Continue anotando os valores na tabela.
5. Faça seis medições.

Vamos investigar

Horário		Comprimento da sombra
Hora	Minuto	

Conclusão

1 O tamanho das sombras mudou muito? Quanto?

....
....
....

2 O que você pode dizer sobre as mudanças na posição das sombras?

....
....
....
....

3 Em uma folha à parte, faça um desenho com a posição e o comprimento de todas as sombras.

Como a posição da sombra muda com o passar das horas, podemos medir o tempo por ela. É assim que funciona um relógio de sol.

Os relógios de sol foram inventados há muito tempo e podem ter formas e tamanhos diferentes. Veja alguns exemplos abaixo.

Relógio de sol da praça Arthur Gerhardt. Domingos Martins, Espírito Santo, 2014.

Relógio de sol equatorial do Jardim Botânico do Rio de Janeiro, Rio de Janeiro, 2014.

Relógio de sol equinocial do Parque Estadual de Ibitipoca. Lima Duarte, Minas Gerais, 2014.

Relógio de sol do Centro Cultural São Francisco. João Pessoa, Paraíba, 2014.

Agora é com você

1 No quadro abaixo, contorne as palavras SOL, SOMBRA, LUZ, RELÓGIO e TEATRO.

T	A	E	T	K	V	B	L
E	U	S	O	M	B	R	A
A	T	O	R	O	H	U	W
T	I	L	Ç	L	U	Z	N
R	S	O	S	E	A	I	O
O	E	P	A	I	T	Z	R
U	D	C	O	U	Q	U	E
R	R	E	L	Ó	G	I	O

Converse com seus colegas:

2 Ao meio-dia, a sombra dos objetos é menor que às 4 horas da tarde? Explique.

3 A sombra de uma pessoa pode ser utilizada para marcar horas em um relógio de sol. No relógio de sol da foto abaixo, as mãos apontam para a hora certa. Aproximadamente, que horas o relógio está marcando?

UNIDADE 8

Autoavaliação

Agora é hora de pensar sobre o que você experimentou e aprendeu. Marque um **X** na opção que melhor representa seu desempenho.

	😄	🤔	😕
1. Reconheço que o Sol parece se mover no céu ao longo do dia.			
2. Compreendo o que é sombra e sei como ela é formada.			
3. Reconheço que as sombras variam de comprimento ao longo do dia por causa do movimento aparente do Sol.			

Sugestões

📖 Para ler

- **O dia em que roubaram a sombra do rei**, de José Maviael Monteiro. Editora Scipione. (Coleção Marcha Criança).

  Um dia, a sombra do rei some e ele não consegue encontrá-la de jeito nenhum. Então, o rei declara que somente os homens especiais não têm sombra...

- **O menino que trocou a sombra**, de Walcyr Carrasco. Editora Moderna.

  Conheça a história de Zé Luís, um menino que não gostava da própria sombra e resolveu trocá-la por outra.

UNIDADE 9

O Sol que nos aquece

Nesta unidade você vai:

- Reconhecer que o Sol aquece os objetos.
- Compreender que o aquecimento varia ao longo do dia.
- Compreender que os materiais expostos ao sol aquecem e refletem sua luz de modo diferente.

Observe a imagem e converse com seus colegas:

1. Os símbolos que aparecem na imagem são usados na previsão do tempo. O que eles representam?

2. Observe cada símbolo. Você reconhece algum deles?

3. Muitas pessoas consultam a previsão do tempo antes de sair de casa. Por que elas fazem isso?

- Cores artificiais
- Esquema simplificado

A temperatura ao longo do dia

Já vimos que a luz que ilumina o nosso dia vem do Sol. Mas, além da luz, a Terra recebe também o calor do Sol, que nos aquece.

Será que a quantidade de calor que recebemos do Sol muda ao longo do dia?

Ao longo do dia, vemos o Sol em diferentes posições no céu. Quando ele está bem alto, perto do meio-dia, dá para sentir que o calor que recebemos dele é mais forte. Já no começo da manhã ou no final da tarde, podemos perceber que esse calor é mais fraco.

Mesmo nos horários recomendados para tomar sol, deve-se usar protetor solar para evitar queimaduras perigosas e manchas na pele.

Por que a altura do Sol no céu interfere na quantidade de calor que recebemos?

Uma lanterna pode nos ajudar a entender como isso acontece.

Imagine segurar a lanterna apontando seu foco de luz para baixo, como na imagem da página seguinte. Sua luz ilumina um quadradinho do piso.

Os quadradinhos que estão fora do foco de luz permanecem pouco visíveis.

• Cores artificiais
• Esquema simplificado
• Elementos não proporcionais entre si

Posição 1

Agora, vamos fazer uma modificação na posição da lanterna: vamos incliná-la.

Imagine a lanterna apontada para esta outra direção. A quantidade de luz que sai dela é a mesma, mas agora a luz atinge mais quadradinhos do piso.

Como a luz agora atinge uma quantidade maior de quadradinhos, cada um deles vai receber uma quantidade menor de luz.

Posição 2

A lanterna na posição 1 ilumina apenas um quadradinho, mas ele recebe bastante luz. Já na posição 2, com a lanterna inclinada, mais quadradinhos são iluminados, mas eles recebem menos luz.

Com o movimento aparente do Sol, acontece algo parecido: o Sol envia seus raios de luz e calor.

- Cores artificiais
- Esquema simplificado

Posição 1

Posição 2

Ao meio-dia (posição 1), o Sol está bem alto e seus raios de luz e calor atingem uma parte do chão. Algumas horas depois, quando o Sol estiver mais baixo (posição 2), seus raios de luz e calor vão atingir uma parte bem maior do chão.

Esse é o principal motivo de o dia ficar mais quente quando o Sol está alto e mais frio quando ele está mais baixo.

- **Para manter a saúde da pele, os médicos recomendam evitar tomar sol das 10 às 16 horas. Por que tomar sol nesse período é prejudicial?**

UNIDADE 9

Agora é com você

1 Se alguém resolvesse fritar um ovo colocando a frigideira ao sol, qual seria o melhor horário para essa tentativa?

_____

2 Leia o texto e marque um **X** na alternativa correta.

> Tomar sol é essencial para nosso corpo produzir vitamina D. Essa vitamina é muito importante para os ossos e participa também de diversas funções do corpo, como a regulação do crescimento, do sistema de defesa e do coração e o fortalecimento dos músculos. Por isso, os médicos recomendam tomar sol nas pernas e nos braços de 5 minutos a 10 minutos todos os dias para que o corpo possa produzir essa vitamina.

☐ Os raios solares fornecem vitamina D para o nosso corpo.

☐ A vitamina D é importante apenas para os ossos.

☐ Os médicos recomendam não tomar sol por causa das queimaduras.

☐ É importante tomar um pouco de sol diariamente para produzir vitamina D.

Todos os materiais se aquecem da mesma maneira?

Em um dia de verão, bem cedinho, Janete passeia com sua mãe pela praia. Enquanto caminha, seus pés sentem a areia fria.

Mais tarde, as duas passeiam novamente, quando o Sol está mais alto no céu. A sensação de calor aumenta.

A areia agora está quente, mas Janete percebe que a água do mar continua chegando fria até a areia. Então, para não queimar seus pés, ela segue caminhando por onde a água encontra a areia.

Curiosa, Janete pergunta para sua mãe: "Mamãe, por que o Sol esquentou a areia e não esquentou a água?".

Será que a areia esquenta mais facilmente do que a água do mar?

Você sabe explicar para Janete por que isso acontece? Será que objetos diferentes também se aquecem de modo diferente quando estão ao sol?

Vamos fazer um experimento para responder à dúvida de Janete?

Vamos investigar

O aquecimento dos materiais

Assim como Janete, é provável que você já tenha passado por sensações de quente e frio ao tocar ou manusear objetos, mesmo sem se dar conta. No dia a dia, lidamos com inúmeros tipos de material e objetos que aquecem e esfriam. Vamos investigar um pouco mais sobre isso?

Levantando hipóteses

1. Se um prato branco e um prato preto forem colocados ao sol, eles vão ficar igualmente quentes?

    ☐ Sim   ☐ Não

2. Se um copo com areia e um copo com água forem colocados ao sol por um certo tempo, a água e a areia vão ficar igualmente quentes?

    ☐ Sim   ☐ Não

3. Cubos de gelo de diferentes tamanhos, se forem deixados ao sol, vão derreter ao mesmo tempo?

    ☐ Sim   ☐ Não

Material

- um prato branco de plástico
- um prato preto de plástico
- um copo de plástico com água
- um copo de plástico com areia
- um cubo de gelo pequeno
- um cubo de gelo grande

Vamos investigar

Como fazer

1. O professor vai formar grupos de três ou quatro alunos.

2. Coloquem os pratos lado a lado, em uma superfície que receba sol diretamente. Abriguem-se do sol por 10 minutos e voltem ao local. Com a mão, verifiquem se algum deles está mais quente que o outro e assinalem a resposta.

   ☐ Prato branco.   ☐ Prato preto.

   ☐ Os dois têm a mesma temperatura.

3. Repitam o experimento com os copos cheios de água e de areia. Após 10 minutos, coloquem um dedo na areia e outro na água. O que está mais quente?

   ☐ A areia.   ☐ A água.

4. Coloquem os dois cubos de gelo ao sol. Protejam-se na sombra e observem. Qual cubo derreteu antes?

   ☐ O cubo pequeno.   ☐ O cubo grande.

   ☐ Os cubos derreteram juntos.

Ilustrações: Waldomiro Neto/Arquivo da editora

Conclusão

- Reveja as suas hipóteses na página anterior. Elas foram confirmadas?

Pensando sobre os resultados

Materiais diferentes esquentam de modo diferente. A areia aquece mais facilmente do que a água. Por isso, no meio da manhã, a areia da praia já está quente e pode até queimar os nossos pés. Enquanto isso, a água do mar ainda está fria.

O material que esquenta mais rapidamente também esfria mais rapidamente. No final da tarde, a areia já começa a ficar fria, enquanto a água do mar permanece quente por mais tempo.

Objetos escuros esquentam mais quando estão expostos ao sol do que os objetos claros. Por esse motivo, em dias de calor, é melhor usar roupas claras, brancas se possível.

UNIDADE 9

Agora é com você

1 Contorne no diagrama abaixo as seguintes palavras do quadro:

> sol   calor   aquecimento
> temperatura   derreter   esfriar

A	T	A	I	O	P	I	T	A
D	E	R	R	E	T	E	R	Q
L	M	S	A	S	I	S	O	U
S	P	T	G	F	S	Y	L	E
L	E	G	U	R	O	Z	L	C
Ç	R	R	O	I	L	Y	I	I
Z	A	E	C	A	L	O	R	M
A	T	P	D	R	O	C	N	E
E	U	Z	E	O	Z	S	O	N
A	R	R	A	W	I	X	L	T
R	A	T	I	A	O	A	B	O

- Preencha as lacunas com as palavras acima que deem sentido às frases.

Os objetos, quando são colocados ao _____, podem sofrer aumento de _____.

O _____ do Sol consegue _____ um bloco de gelo.

No final do dia, a areia pode _____ mais rapidamente do que a água.

O _____ de materiais diferentes ocorre de modo diferente.

Agora é com você

2 Mateus colocou dois pedaços de manteiga para derreter ao sol. Um deles era bem maior do que o outro, e ambos foram retirados ao mesmo tempo da geladeira.

- Qual dos pedaços derreterá primeiro? Explique.

_____

_____

_____

3 Resolva a cruzadinha abaixo.

1. Objetos dessa cor se aquecem mais quando expostos ao sol.

2. Em dias quentes, para um maior conforto, o melhor é usar roupas dessa cor.

3. Objetos diferentes se aquecem de modo…

4. Objetos que demoram mais para esquentar também demoram mais para…

Aquecimento e reflexão solar

Vimos que certos materiais podem ser aquecidos mais facilmente do que outros. Sabendo disso, foram desenvolvidas placas que absorvem o calor do Sol para aquecer a água usada nas residências. O fundo dessas placas é pintado de preto e absorve mais o calor do Sol. Dessa forma, a água que passa pela tubulação no interior das placas é aquecida.

Sistemas de aquecimento solar em conjunto habitacional de Santarém, Pará, 2017. Com um aquecedor solar, as pessoas podem ter água quente para tomar banho sem gasto de energia elétrica.

O que reflete a luz do Sol?

Você já precisou desviar o olhar de algo porque ele estava refletindo a luz do Sol?

Os prédios com acabamento espelhado refletem a luz solar. Na imagem, prédios em São Paulo, São Paulo, 2016.

Prédios com acabamento em concreto não refletem a luz do Sol. Na imagem, prédio em São Paulo, São Paulo, 2016.

Em grandes cidades, alguns prédios têm acabamento espelhado e, dependendo da posição do Sol no céu, seus raios são refletidos por esses prédios. Já em construções com acabamento de concreto isso não ocorre.

Isso também acontece com outros materiais: alguns refletem mais a luz do Sol do que outros.

Agora é com você

1 Qual é a principal vantagem de usar aquecimento solar da água?

_____

_____

2 Por que é necessário que o fundo das placas coletoras seja pintado de preto?

_____

_____

_____

3 Procure no diagrama abaixo as seguintes palavras do quadro:

solar	calor	economia
banho	reflexo	quente

C	G	Q	U	E	N	T	E	D	E
B	A	N	H	O	D	R	C	W	C
D	M	V	B	M	G	E	Y	T	O
X	I	A	R	R	A	F	A	P	N
D	U	Q	X	A	D	L	J	S	O
H	I	D	A	U	L	E	G	O	M
B	T	V	R	O	T	X	L	L	I
S	R	C	B	R	W	O	M	A	A
L	U	C	O	C	A	L	O	R	D

UNIDADE 9

Autoavaliação

Agora é hora de pensar sobre o que você experimentou e aprendeu. Marque um **X** na opção que melhor representa seu desempenho.

	😄	🤔	🙂
1. Reconheço que o Sol aquece os objetos?			
2. Compreendo que o aquecimento varia ao longo do dia?			
3. Compreendo que os materiais expostos ao sol aquecem e refletem sua luz de modo diferente?			

Sugestões

Para ler

- **Iori descobre o Sol, o Sol descobre Iori**, de Oswaldo Faustino. Editora Melhoramentos.

  Acompanhe as descobertas de Iori, que, à noite, sozinha no seu quarto, ouve intrigada os sons da natureza até a chegada do Sol.

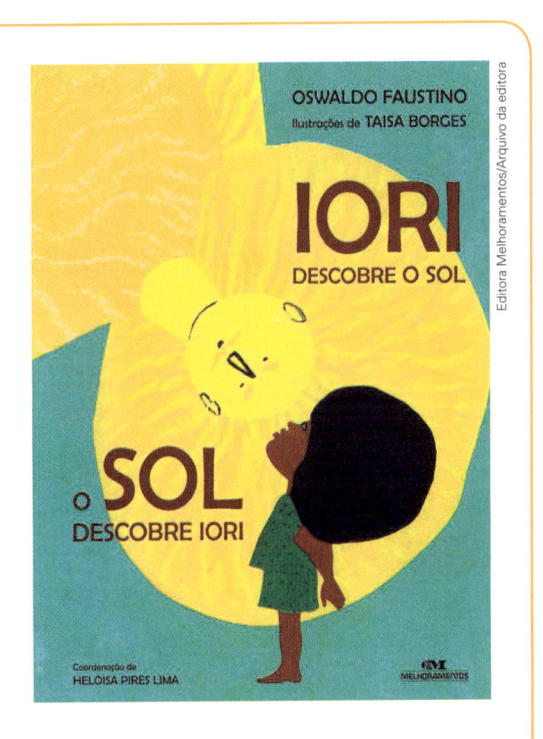

Para acessar

- http://chc.org.br/como-funciona-o-protetor-solar/
  Como funciona o protetor solar?

- http://chc.org.br/energia-solar-uma-solucao-eletrizante/
  Veja como a energia solar pode ser uma solução eletrizante.

Acessos em: 4 maio 2018.

Conectando saberes

Poluição luminosa

Quando foi a última vez que você olhou o céu durante a noite? Você conseguiu ver estrelas?

Geralmente, quem vive em cidades grandes consegue ver somente algumas estrelas, mesmo quando o céu está limpo. Você sabe por que isso acontece?

Isso ocorre por causa da enorme quantidade de lâmpadas acesas à noite em uma cidade grande, o que torna a noite clara e ofusca o brilho das estrelas. Por isso, não conseguimos enxergar todas as estrelas no céu.

Se não houvesse nenhuma lâmpada acesa, o céu noturno da cidade de São Paulo, que é uma cidade grande, seria como na imagem 2.

Cidade de São Paulo, capital do estado de São Paulo, à noite, 2017.

Imagem artística representando como seria a noite na cidade de São Paulo sem nenhuma iluminação artificial. Note que seria possível enxergar muito mais estrelas no céu.

O excesso de iluminação artificial é chamado **poluição luminosa**.

💬 Converse com seus colegas:

1. Você já teve a oportunidade de ver o céu todo estrelado? Se sim, conte para a classe essa experiência.

2. Em cidades menores e mais afastadas dos grandes centros urbanos, a iluminação artificial noturna é bem menos intensa. Por quê?

Há tantas luzes artificiais acesas ao mesmo tempo no mundo que o brilho dessas luzes pode ser visto até do espaço.

Observe que o Brasil é muito mais iluminado na região próxima ao litoral do que em sua região central. Isso acontece porque as maiores cidades do país estão localizadas próximas ao litoral.

O excesso de iluminação noturna também atrapalha nosso sono, além de prejudicar o ciclo de vida de plantas e animais.

Então a solução é ficarmos no escuro?

Não precisamos ficar no escuro. A iluminação pública e a energia elétrica usada nas residências e nas empresas são fundamentais para nossa vida hoje em dia. Isso não nos impede de utilizar a iluminação artificial noturna apenas quando for preciso e pelo tempo necessário. Assim, além de economizar energia, poderemos reduzir a poluição luminosa e quem sabe até conseguir contemplar um belo céu estrelado.

3 Que animais você acha que sofrem mais com a poluição luminosa: os animais de hábito noturno ou os animais de hábito diurno? Explique.

BIBLIOGRAFIA

ANGELIS, Rebeca Carlota de. *Importância de alimentos vegetais na proteção da saúde*. São Paulo: Atheneu, 2001.

BARNES, Robert D.; RUPPERT, Edward E. *Zoologia dos invertebrados*. 7. ed. São Paulo: Roca, 2005.

BORGES, R. C. *Serpentes peçonhentas brasileiras*. Rio de Janeiro: Atheneu, 1999.

BRASIL. Ministério da Educação. *Base Nacional Comum Curricular*. Brasília, 2017. Disponível em: <http://basenacionalcomum.mec.gov.br/wp-content/uploads/2018/04/BNCC_19mar2018_versaofinal.pdf>. Acesso em: 12 abr. 2018.

_____. Secretaria de Educação Fundamental. *Parâmetros Curriculares Nacionais*. Brasília, 1997.

BRETONES, Paulo Sérgio. *Os segredos do Sistema Solar*. São Paulo: Atual, 2011. (Coleção Projeto Ciência).

CANIATO, Rodolfo. *As linguagens da Física*. São Paulo: Ática, 1990. (Coleção na Sala de Aula).

_____. *O céu*. São Paulo: Ática, 1990.

CARRETERO, Mario. *Construtivismo e educação*. Porto Alegre: Artes Médicas Sul, 1997.

CARVALHO, Anna Maria Pessoa et al. *Ciências no Ensino Fundamental*: o conhecimento físico. São Paulo: Scipione, 1998.

CHASSOT, Attico. *A Ciência através dos tempos*. São Paulo: Moderna, 1994.

CIÊNCIA HOJE NA ESCOLA. Céu e Terra, Corpo Humano e Saúde, Meio Ambiente e Águas, Ver e Ouvir, Tempo e Espaço. Rio de Janeiro/São Paulo: SBPC/Global, 1999.

COLL, César et al. *Aprendizagem escolar e construção do conhecimento*. Porto Alegre: Artmed, 1994.

CUNHA CAMPOS, Maria Cristina; NIGRO, Rogério Gonçalves. *Didática de Ciências* — O ensino-aprendizagem como investigação. São Paulo: FTD, 1999.

DEMO, Pedro. *Educação e alfabetização científica*. Campinas: Papirus, 2010.

EQUIPE BEÏ. *Minerais ao alcance de todos*. São Paulo: BE, 2004. (Coleção Entenda e Aprenda).

FRISCH, Johan D.; FRISCH, Christian D. *Aves brasileiras e plantas que as atraem*. São Paulo: Dalgas Ecoltec, 2005.

FUNDACENTRO. *Prevenção de acidentes com animais peçonhentos*. São Paulo: Fundacentro, 2001.

HAWKING, Lucy; HAWKING, Stephen. Trad. ALVES, L. *George e o segredo do Universo*. Rio de Janeiro: Ediouro, 2007.

HORVATH, Jorge E. *O ABCD da Astronomia e Astrofísica*. São Paulo: Editora Livraria da Física, 2008.

LOMBARDI, Gláucia. *Animais brasileiros ameaçados de extinção*. 5. ed. São Paulo: Paulus, 1997.

MACEDO, Lino. *Ensaios construtivistas*. São Paulo: Casa do Psicólogo, 1994.

MACHADO, Nilton José. *Cidadania e educação*. São Paulo: Escrituras, 1997.

MAGOSSI, Luiz Roberto; BONACELLA, Paulo Henrique. *Poluição das águas*. São Paulo: Moderna, 2003. (Coleção Desafios).

MARGULIS, Lynn; SAGAN, Dorion. *Microcosmos*: quatro bilhões de anos de evolução microbiana. São Paulo: Cultrix, 2004.

_____; SCHWARTZ, Kariene V. *Cinco reinos* — Um guia ilustrado dos filos da vida na Terra. 3. ed. Rio de Janeiro: Guanabara Koogan, 2001.

PERELMAN, Yakov. *Física recreativa*. Moscou: Editorial Mir, 1983. Livros 1 e 2.

PERRENOUD, Philippe. *10 novas competências para ensinar*. Porto Alegre: Artmed, 2000.

POUGH, F. Harvey; JANIS, Christine M.; HEISER, John B. *A vida dos vertebrados*. São Paulo: Atheneu, 2008.

PRESS, Frank et al. *Para entender a Terra*. Porto Alegre: Bookman, 2006.

PURVES, William K. et al. *Vida — A Ciência da Biologia*. 6. ed. Porto Alegre: Artmed, 2002.

RICKLEFS, Robert E. *A economia da natureza*. Rio de Janeiro: Guanabara Koogan, 2003.

RODRIGUES, Francisco Luiz.; CAVINATTO, Vilma Maria. *Lixo*: de onde vem?, Para onde vai?. São Paulo: Moderna, 2003. (Coleção Desafios).

RONAN, Colin A. *História ilustrada da Ciência*. Rio de Janeiro: Jorge Zahar, 1994.

SAGAN, Carl. *Bilhões e bilhões*. São Paulo: Companhia das Letras, 1998.

SCHMIDT-NIELSEN, Knut. *Fisiologia animal*: adaptação e meio ambiente. São Paulo: Santos, 2000.

TEIXEIRA, Wilson et al. (Org.). *Decifrando a Terra*. São Paulo: Oficina de Textos, 2000.

THE EARTHWORKS GROUP. *50 coisas simples que as crianças podem fazer para salvar a Terra*. Rio de Janeiro: José Olympio, 1993.

TORTORA, Gerard J. *Corpo humano*: fundamentos de Anatomia e Fisiologia. Porto Alegre: Artmed, 2006.

VYGOTSKY, Lev Semyonovich. *Formação social da mente*. São Paulo: Martins Fontes, 1984.

_____. *Pensamento e linguagem*. Lisboa: Antídoto, 1971.

WEISSMANN, Hilda (Org.). *Didática das Ciências Naturais*: contribuições e reflexões. Porto Alegre: Artes Médicas Sul, 1998.

WORTMANN, Maria Lucia Castagna; SOUZA, Nadia Geisa Silveira; KINDEL, Eunice Aita Isaia (Org.). *O estudo dos vertebrados na escola fundamental*. São Leopoldo: Ed. da Unisinos, 1997.